中华优秀传统文化创造性转化与创新性发展特色教育丛书
国家级一流本科课程建设系列教材
国家社科基金艺术学重大招标项目（项目批准号：21ZD25）教研建设成果
总主编 孙 磊

量枘制凿
LIANG RUI ZHI ZAO

传统木作与现代手造
CHUANTONG MUZUO YU XIANDAI SHOUZAO

陈 静 薛 坤 王鲁浩 孙钦磊 编著

中国人民大学出版社
·北京·

总　序

文化是一个国家、一个民族的灵魂，承载着民族成长发展的基因和印记，是国家软实力的代表。当今世界，各国之间综合国力竞争日趋激烈，文化越来越成为民族凝聚力和创造力的重要源泉，越来越成为综合国力竞争的重要因素。党的十八大以来，我国将推动中华优秀传统文化创造性转化和创新性发展摆在突出位置，推动中华优秀传统文化传承发展、焕发新生。我们深刻体会到，历久弥新的中华优秀传统文化，是中华民族的精神命脉，是综合国力竞争中维护国家利益和安全的重要精神武器。在顺应时代发展中不断拓展和创新文化表达方式，将有利于激发全民族文化创造活力，影响全球主流价值观，提高国家文化软实力和文化国力。

在这样的文化发展背景下，设计何为？我们认为，设计是文化的重要组成，文化融于设计，设计体现文化，两者互为辩证、不可分离。设计是文化的物质与精神、智力与情感等的外在表现，常指受文化支配所产生的意图成果或实践成就，是文化得以保护、转化、再生、传承、传播的重要力量。文化深刻地影响着设计的发展，它决定了设计的方向、样式、内容、风格、观念等诸多内容，而设计也不同程度地影响着文化的支配力量，因为设计不仅表现为物质、科技成果和审美价值的客观存在，同时表现为生活方式、共处的方式、价值观体系、传统和信仰等内容。从价值属性上说，设计问题就是文化问题，一个国家设计综合能力越强，文化软实力也就越强，因此设计是国家文化软实力建设的重要组成部分。

本套丛书共分五册，得到国家社科基金艺术学重大招标项目“设计创新与国家文化软实力建设研究”（项目批准号：21ZD25）与国家级一流本科课程建设的共同资助，成果既是理论研究又是教学实践，体现“用理论去分析现实，再用实践去验证理论”的指导原则。作为研究成果，本套丛书立足“传统文化资源创新转化手段的匮乏与丰富的文化资源禀赋之间的矛盾”、“中华文化更深层次结构内涵的张力与浅层次的模仿表达能力之间的矛盾”以及“西方文化和价值观的‘中心化’与西方价值主导下东方文化的‘他者化’之间的矛盾”现实，注重从当代中国问题出发，聚焦造物造型、园林、陶瓷、首饰、木作等中华优秀传统文化的代表性领域，进行理论化梳理和创新性实践，不断强化对自身文化的反思、再造、传承、阐释、教育、传播等能力，以设计为纽带主动把传统与当代、历史与现实、守正与创新、中国与世界等文化维度紧密地关联在一起，并通过这种深层次的文化价值互动、整合、重构、融创和体验，探讨和把握新的造物方法和造型规律，进而形成促进中华优秀传统文化创造性转化与创新性发展的可行路径。

作为教材成果，本套丛书的内容基础均来自国家级一流本科课程，有着长期丰富的教学实践积累。本次编撰，重点是将中华优秀传统文化创造性转化与创新性发展理念融入高校思政课教学，不仅实现对中华优秀传统文化自身的接续更新，还为学生提供了与当代中国文化身份建构问题相互“嵌入”的现实语境，帮助他们从中华优秀传统文化的母体中，自觉寻找和明确共有的历史记忆、习俗信仰、情感维系、生活方式、价值观和文化凝聚的精神内核和文化本原，并将之内化于心灵空间、创作境界和生活现场。通过课程的意识形态传达、文化心理性定义、设计的情感机制与集体记忆书写等方式，形成具有特征标识的共有性文化品格和文化认同，推动学生个体文化身份与国家主导的集体文化身份相互衔接，从而帮助学生更好地树立正确的世界观、人生观、价值观和艺术观，不断提升育人效果。

需要注意的是，中华优秀传统文化中蕴含的造物智慧，经由人、藏于物，在历史中形成天人合一、美善相乐、制器尚象、以身度物、巧法造化等造物观念，在今天也早已跨越时空，形成具有世界性价值、普遍性意义的思想观念、人文精神、道德规范和价值体系，亟待通过设计进行传承传播。为强化大众传播和国际传播质效，本套丛书在策划时，注重将中华优秀传统文化中具有当代价值、世界意义的文化精髓提炼出来、展示出来。譬如，丛书特别开发了参与式和体验式数字化场景，将造物的理论、流程和环境模块化、剧本化、故事化，并设置了中、英文双语学习平台，便于受众在“做中学”“玩中学”“体验中学”，把赓续中华文脉又彰显时代精神、立足本土又面向世界的文化创新成果传播出去，不断增强气象博大的中华文明在国际上的传播力和影响力。

传承好、发展好中华优秀传统文化，提升国家文化软实力，需要拓展中华优秀传统文化研究的广度和深度，深化以文化创新为主导的“设计软价值”作用，赋予中华优秀传统文化新内涵、新话语、新形式，这些至关重要。设计创新成为传统文化创造性转化与创新性发展以及国家文化软实力建设的重要内容，既折射出文化强国建设对设计创新的基本需求，又体现出以设计塑造和传递国家形象与社会主流价值观的重要意义，这也是本套丛书的出发点和归宿。

为保证本套丛书的出版质量和水平，参与编写的作者团队、山东工艺美术学院相关领导同人以及中国人民大学出版社领导和编辑团队做了大量工作，付出了大量心血，在此一并表达我们最诚挚的谢意。

我们深知，在面对中华优秀传统文化实践中层出不穷的问题时，本套丛书仍显得汲深绠短，诚望广大读者提出宝贵意见，使丛书不断完善，真正能成为促进中华优秀传统文化基因延续、传承，并推动中国本土文化和意识得以复兴发展、走向世界的“铺路石”。

前　言

在人类文明的浩瀚宇宙中，每一颗星星都承载着独特的智慧与光辉，木作技艺无疑是璀璨星河中一颗尤为耀眼的星星。它穿越时空的隧道，从古至今，以其独特的魅力与无限的创造力，照亮人类进步的道路，成为连接过去与未来的桥梁。传统木作不仅见证了人类居住环境的变迁，更深刻地烙印着不同历史时期的文化风貌、审美追求以及工匠精神。

传统木作历史悠久，应用广泛。回溯历史长河，它渗透于人类生活的每一个角落。从远古时期简陋的木屋到明清时期繁复精美的家具，木作技艺深刻反映了不同历史时期的文化特征、审美趋向以及工匠精神的传承与发展，它们无声地诉说着那个时代的风土人情与社会变迁，不仅是物质文化的载体，更是精神文化的传承。

榫卯结构是中国传统木作技艺的核心，也是东方哲学思想“天人合一”的生动体现，其精妙之处在于无须钉胶，仅凭木材间的凹凸嵌合，便能构建出既稳固又美观的结构，体现了工匠对材料特性的精准把握与巧妙运用。“量枘制凿”源自《楚辞》中的“方枘圆凿”，寓意榫卯结构的精准与和谐，不仅精练概括了传统木作中榫卯结构的精髓，更是对工匠精神的高度赞誉。在古代，每一位木匠都需要经过长时间的学习与实践，才能掌握榫卯结构的精髓，实现“量枘制凿”的精准无误，这种对技艺的极致追求与对品质的严格把控，正是中国传统木作技艺得以传承千年的重要原因。

本书将带领读者走进木作的世界，探索木制品的材料、工具，对传统木作及木作文化进行深入解读，引领读者领略中国传统木作工艺与文化的深厚底蕴，体验将木料一步步转化为木制品的全过程，感受传统木作中蕴含的智慧与匠心。即使你对传统木作知识一无所知，只要对木制品充满兴趣，对中国传统工艺怀有好奇与热爱，就可以跟随我们一起深入了解并体验这门古老技艺的魅力。

随着时代的发展与科技的进步，传统木作技艺面临前所未有的挑战与机遇。一方面，现代工业化生产方式的兴起使得传统手工艺逐渐边缘化；另一方面，人们对生活品质和文化内涵的追求又为传统手工艺提供了新的发展空间。在这样的背景下，现代手造艺术应运而生，它以独特的视角和创新思维为传统木作技艺注入新的活力。现代手造产品不拘泥于传统形式与材料，勇于突破常规，将现代设计理念、新材料以及新技术融入其中，既蕴含传统韵味又具有现代感。这些作品不仅保留了传统木作技艺的精髓与魅力，更赋予了其新的生命力和表现形式。它们既是对传统工艺的传承与致敬，也是对现代生活方式的回应与探索。

现代中国传统工艺的传承与发展是一项长期而艰巨的任务。它既需要传承人的不懈努力与坚守，也需要社会各界的广泛认同与支持。作为传统文化的重要组成部分，传统木作技艺承载着民族的记忆与情感，是连接过去与未来的重要纽带。因此，我们有责任也有义务去保护和发展这一宝贵的文化遗产。

本书旨在通过深入挖掘传统木作技艺的精髓与魅力，探索传统木作在现代手造中的创新与应用，为读者呈现一场跨越时空的视觉盛宴，激发更多人对传统木作技艺的兴趣与关注，这种传承与创新的精神，正是“量枘制凿”所倡导的核心价值观。

现代中国传统工艺的传承，既依赖于传承人的不懈努力，也离不开大众的广泛认同。让传统技艺在现代生活中得到认可，拓展其市场空间，对于传统工艺的保护与发展至关重要。现代手造艺术在传统工艺与现代生活之间架起了桥梁，使人们在日常生活中感受传统文化的底蕴，体会传统技艺的魅力，为传统技艺赋予新的功能和表现形式，在发展中实现传承，在传承中不断创新。

随着现代手造制作人群的日益壮大，越来越多的爱好者投身于手造的设计与制作。现代手造作品更加注重设计与创新，在制作上追求细节与功能的完善；跨界的设计与合作激发了更多的创意与灵感，创造出众多优秀作品。在这个快速发展的时代，让我们一同走进木作的世界，感受那份来自远古的温暖与匠心。让我们携手并进，共同开启这段充满创意与灵感的旅程，为传统木作技艺的传承与创新贡献自己的一份力量。

目　录 /Contents

1. 传统木作

Traditional Woodworking

传统木作在中国有着悠久的历史。“木作”一词最早见于北宋的《营造法式》，是中华传统木制工艺的习称。木作涵盖了所有以榫卯结构和雕刻为基本工艺的中华木作艺术品，集中反映了中华民族的高超技艺水平和独特价值观，是中华民族的文化瑰宝。

在中国众多传统手工艺中，传统木作技艺流传时间长、应用范围广，木制生活器具贯穿于人们的衣食住行，大到木制建筑、劳作工具、起居家具，小到盛物器具，涵盖了生活的方方面面。

1.1 传统木作概述

1.1.1 传统木作的起源

中国人崇尚木、珍视木，尤其善于使用木材。“木”字在甲骨文中的造型取自树的造型，上面是枝干，下面是树根，而后逐渐演变成今天的“木”字。木字的一横一竖、一撇一捺就像一座房屋构建的雏形，透过柱和梁看到一个“木”的世界。独树成“木”，双木成“林”，三木成“森”。种树为林，伐木取材，人们运用高超的工艺将取自大自然的“木”盖成房屋、作成家具、制成器物。我们生活中的吃、穿、住、用、行几乎都与“木”相关，可以说，中国人与“木”有着千丝万缕的联系。

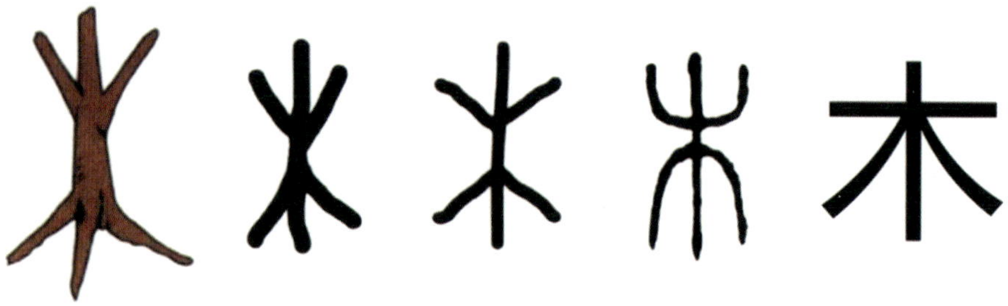

“木”字的演变

远古时代，人类学会钻木取火，用来煮食兽肉或驱赶野兽。而后，人类又发现倒下的大树可以支撑起茅草屋，以此来遮风挡雨、驱寒保暖。逐渐地，人类开始越来越多地使用木材并将其作为建造房屋的首选良材。远在新石器时代，长江流域的河姆渡文化区域就出现了栽柱式地面建筑和栽桩架板的干栏式木构房屋。干栏式木屋适用于低洼、潮湿的环境，能起到与湿地隔开的作用。这种建筑的木构件之间已普遍采用榫卯。这是中国木作工艺的开端，也是中国榫卯结构的起点。

在世界传统建筑体系中，东亚与东南亚地区的以木结构为主，其中又以中国的木结构建筑发展最早也最为成熟，影响深远。中国传统木结构建筑营造技艺大部分的施工过程以“八大作”为主，即木作、瓦作、石作、土作、油漆作、彩画作、搭材作、裱糊作。2009 年，中国传统木结构建筑营造技艺被联合国教科文组织列入人类非物质文化遗产名录。

1.1.2 传统木作中的哲学

传统木作衍生出的榫卯文化，从侧面体现了中国古人“天人合一”的哲学思想。“宇为天，宙为地，森为万物”，万物生生不息，木为万物之源，万物依木而生。古人认为，树木是天、地交流的通道，是人与天交流从而表达自己愿望的途径。崇尚自然的中国人对木有着东方特有的解读：在阴阳五行中，大自然主要由金、木、水、火、土五种元素构成。五行中的“木”主东方，是天地之道的根本。随着五行的盛衰，天地万物发生变化，循环不休。木象征春天，代表着生生不息。《春秋繁露》中记载：“木者春，生之性。”指出木是生命之源，发自春天，代表着一种温存的属性。这正迎合了中国人的本源与性格：发于自然，内敛含蓄；体会生命之味后，最终归于自然。“道法自然、天人合一”的哲学观和民间广为流传的“盛木为怀”情结，无不真实地描述了人们对木的情怀。人们住在木头盖的房子里，使用木制家具，便也呼吸到了大自然的气息，获得了来自大自然的能量，享用着大自然的馈赠。

榫卯是由一凹一凸两块木头组成，恰如太极的两极，一阴一阳，互补共生。当木匠将多余的部分凿掉之后，两块木头便会紧紧地互相握着，不再分开。《太平广记》中记载了一个故事：相传在凤翔佛寺有个叫郭璩的僧人，在一次锯木头的时候，几经尝试都锯不开。郭璩怀疑木头里面有铁石，于是就换了一把新锯，然后才成功地将木头锯开了。他发现里面竟然有木纹生成的两匹马的形象，一红一黑，互相啃咬着，口鼻鬃尾、蹄脚筋骨栩栩如生。榫卯结构严丝合缝又不着痕迹，隐含着古人含而不露、相生相克、相互制衡的价值观。以木材本身的力量作为制衡的力量，而非使用铜、铁等金属物，充分体现了人与自然和谐共处的世界观。

1.1.3 传统木作的分类

木作是中华传统木制工艺行业的习称，是从事木制品制作的工艺。在众多手工艺中，传统木作技艺极具代表性。在各行各业的生产中发挥重要作用的木制工具，其形制结构不仅符合生产实用的科学原理，有利于生产效率和产品质量的提高，而且显示了高度的艺术设计性，具有很强的形式美感。

人们的生活离不开木器，因为木材易获取，加工难度适中，使用年限较长。通常木制器具损坏也可以进行修复。木头是可再生的材料，相比金属和塑料等，它在生产加工的过程中消耗能量更少，因此木制的产品十分环保。人类的发展，经过石器时代、青铜器时代，直至进入现代社会，石器和青铜器早已成为被珍藏的古文物，但木器的使用却延续至今。

宋朝李诫编著的《营造法式》中首次提到木作这一概念。传统木作可划分为大木作与小木作。大木作主要为木建筑主结构，通常指构造房屋的木架，如房梁、顶棚等主要房屋结构类的搭建制作。小木作则概指精细的建筑装修和各类木制器等，如门窗、高低柜、屏风等功能性和装饰类制作。大木作和小木作属于同一技术体系，彼此相互影响、相互促进。较早出现的大木作的构架技术和形制奠定了小木作的构形趋势和基本风貌，中国传统木制家具是中国传统木构建筑的缩影。

1.1.4 大木作

在新石器时代早期，古代先人们已经用石器来加工木材，制作出了各种木构件和榫卯类型用于建造原始的木构建筑。传统木构建筑的榫卯结构至宋代已达巅峰：一座宫殿耗用成千上万的构件，不用一颗钉子就能紧密结合在一起。

大木作是建筑物骨干木架的总称。传统木构建筑中起支撑作用的是由柱网、梁枋所组成的框架，各个构件之间由榫卯连接，富有韧性，形成大木作的木构架基本形制。受不同地域气候环境、生活习惯、建筑等级等影响，各地对木材会有不同的处理方式。大木作的形制有两种，一种是有斗拱的大式，另一种是没有斗拱的小式。在结构上可以分为三部分：竖向的柱，横向的梁、枋、桁、椽等，以及两者间过渡的斗拱。

1.1.4.1 大式和小式

古代建筑是以大木结构为骨架的。建筑各工种中，大木作居首要地位。按清代官式的标准做法，根据建筑的规模、质量，将大木作分为大式和小式两种。

大式做法，建筑规模较大，质量要求高，一般用于宫殿、坛庙、寺院、府第等。大式做法在形式上的特点是：多使用斗拱，屋顶用庑殿、歇山、悬山直至硬山，或单檐或重檐。平面用围廊、前后廊或前廊，按实际需要可以用飞檐、翼角，屋架规模可以大至十一檩（桁）。大式做法的设计，诸如面阔、进深、柱高以及各项大木构件的规格，主要以斗口为标准。

小式做法，建筑规模较小，质量要求较低，一般用于住宅、店铺及其他杂用房屋。小式做法的特点是：不用斗拱，屋顶形式多用硬山、卷棚，间或也用悬山，只用单檐不用重檐。平面可用前后廊或前廊，不用飞檐、翼角。其屋架规模最大可至七檩。小式做法的设计，主要以柱径为标准。

1.1.4.2 斗口和柱径

清代建筑的模数，通常采用“斗口”和“柱径”两种。大式设计以斗口为标准，小式设计以柱径为标准。

斗口，又称“口份”或“口数”，是指房屋上所用的平身科斗拱的斗口宽度，具体说是每攒斗拱的坐斗在面阔方向所开刻口的宽度。坐斗是位于一组斗拱最下的构件，头翘就从这个斗口向外伸出。

坐斗正面的槽口，在清代作为衡量建筑尺度的标准。在清代工部《工程做法则例》中，规定斗口有十一等不同尺寸，最大的斗口宽六寸，最小的斗口宽一寸，每一等的差距是半寸。房屋的面阔、进深、柱高以及多种构件的大小，都以斗口为单位，有一定的规定。以此刻口尺寸为 1，其余各构件的尺寸都是它的倍数。每一座房屋按照需要的规模选定合适的斗口大小，然后全座房屋的各项尺寸就用这个斗口尺寸按口份数核算。

小式做法不用斗拱的大式做法，其设计多以柱径为标准，确定各项构件的尺寸。但柱径大小又因明间面阔大小而稍有不同，这就有了较多的变化，不如用斗口简明。小式做法据《工程做法则例》规定：面阔一丈零五寸，柱高为面阔的十分之八（八尺四寸），柱径为面阔的 7%（七寸三分），而面阔为一丈时，柱高为面阔的十分之七（七尺），柱径为面阔的 5%（五寸）等。

1.1.4.3 屋顶样式

中国古建筑屋顶样式丰富、变化多端，常见基本的屋顶样式有庑殿、歇山、悬山、硬山、卷棚、攒尖、囤顶、平顶等。庑殿、歇山又各有单檐和重檐之别，重檐顶的等级要高于单檐顶。

古建筑屋顶除功能性外，还是等级的象征。其等级大小依次为重檐庑殿顶、重檐歇山顶、单檐庑殿顶、单檐歇山顶、悬山顶、硬山顶、卷棚顶和攒尖顶等。

古建筑屋顶等级及应用

建筑等级	屋顶样式	应用范围
第一位	重檐庑殿顶	重要的佛殿、皇宫的主殿
第二位	重檐歇山顶	宫殿、园林、坛庙式建筑

续表

建筑等级	屋顶样式	应用范围
第三位	单檐庑殿顶	重要的建筑
第四位	单檐歇山顶	重要的建筑
第五位	悬山顶	民居、神厨、神库
第六位	硬山顶	民居
第七位	卷棚顶	北方民居、园林等建筑
无等级	攒尖顶	园林建筑、亭台楼阁

下面我们主要介绍庑殿顶、歇山顶、悬山顶、硬山顶、卷棚顶、攒尖顶几种基本的屋顶样式。

（1）庑殿顶。

庑殿顶又称四阿顶，有五脊四坡，又叫五脊顶，前后两坡相交处为正脊，左右两坡有四条垂脊。庑殿顶的外观形式，是瓦顶用一条正脊、四条垂脊，将全屋面分割为前后左右四大坡，使屋面雨水从四面排泄，所以又被称为四阿顶。庑殿顶大屋架一般都采用推山法，推山的屋架使屋顶四个垂脊呈现出和缓的曲线，具有向上翘曲的趋势，显得更为轻盈美观。

故宫太和殿重檐庑殿顶

我国古代建筑很注重防火，建筑前多建有水池，房屋之间还建有高高的封火墙。出于一种信仰，在屋顶正脊的两端常常塑有两条昂首翘尾的龙，据说这是龙的第九个儿子，叫作“鸱吻”，也有写作“螭吻”，喜欢在险要处东张西望，龙头鱼尾，口阔嗓粗，性好斗，好吞火，可以喷浪降水震慑火神。可见，中国古代建筑处处浸透着传统文化色彩，也饱含着人们祈福纳祥的美好意愿。

宝山寺大雄殿单檐庑殿顶

（2）歇山顶。

歇山顶，又称九脊顶，有一条正脊、四条垂脊、四条戗脊，前后两坡为正坡，左右两坡为半坡，半坡以上的三角形区域为山花。歇山顶结合了直线和斜线，在视觉效果上给人以棱角分明、结构清晰的感觉。歇山顶屋脊上有各种脊兽装饰，其中正脊上有吻兽或望兽，垂脊上有垂兽，戗脊上有戗兽和仙人走兽。

歇山顶两侧形成的三角形墙面，叫作山花。山面有博风板，山花和博风板之间有段距离，可形成阴影。为了使屋顶不过于庞大，山花还要从山面檐柱中线向内收进，这种做法叫收山。

歇山顶分单檐和重檐两种。重檐歇山顶是在基本歇山顶的下方再加上一层屋檐。在中国古代，建筑屋顶的样式有严格的等级限制。重檐歇山顶等级高于单檐庑殿顶、低于重檐庑殿顶，而单檐歇山顶等级低于单檐庑殿顶。重檐歇山顶多用于规格较高的殿堂中，如故宫的保和殿、太和门、天安门以及钟楼、鼓楼等。单檐歇山顶应用非常广泛，祠庙坛社、寺观衙署等官家、公众殿堂都沿用歇山顶，后来有些民宅也开始使用歇山顶。

歇山顶的基本样式演变出四面歇山顶、卷棚歇山顶等变体。四面歇山顶是由两个歇山顶用十字脊的方式相交所构成的屋顶，也称歇山式十字脊顶，北京故宫的角楼是典型代表。卷棚歇山顶是指没有正脊而采用卷棚脊的方式建造的歇山顶，又称歇山式卷棚顶。这种屋顶比较柔和、富于变化，常用于非正式的皇室离宫，例如承德避暑山庄的宫殿就多采用卷棚歇山顶。

天安门重檐歇山顶

长治平顺大云院大佛殿单檐歇山顶

（3）悬山顶。

悬山顶，又称挑山顶，有五脊二坡。悬山屋顶的外形与硬山基本相似，仅前后两坡屋面挑出山墙之外，挑出部分的屋面由下面伸出的桁（檩）承托，挑山之名由此而来。悬山顶四面出檐，是两面坡屋顶的早期做法，但在中国传统的重要古建筑中未被应用。

清陆军部和海军部旧址悬山顶

（4）硬山顶。

硬山顶也有五脊二坡，即一条正脊、四条垂脊，前后两坡屋面，前后出檐（在带有屋檐的建筑中，屋檐伸出梁架之外的部分叫作出檐），其后坡也有不出檐的，檐椽只架在檐檩上不伸出，两山砌山墙封护，屋顶与山墙齐平。

硬山顶在明清以后才出现在我国南北方住宅建筑中。硬山顶建筑等级低于庑殿顶、歇山顶、悬山顶。在清朝，六品以下官吏及平民住宅的正堂只能用悬山顶或硬山顶，而宫墙中两庑殿房也多有硬山顶。因其等级低，只能使用青板瓦，不能使用筒瓦、琉璃瓦。在皇家建筑及大型寺庙建筑中少有硬山顶的存在，其多用于附属建筑及民间建筑。硬山顶有利于防风火，而悬山顶有利于防雨。因此北方民居多用硬山顶，南方民居则多用悬山顶。

太行山区石屋硬山顶

（5）卷棚顶。

卷棚顶，又称元宝顶，为双坡、圆脊屋顶，前后两坡面相交处不安正脊，两坡相交处由瓦垄直接卷过屋面形成弧形的曲面。卷棚顶整体外貌与硬山、悬山类似，但无明显的正脊。如果将硬山、悬山或歇山顶的正脊作成圆弧形曲线，分别称为卷棚硬山、卷棚悬山或卷棚歇山。

卷棚顶风格温馨、平和优雅，多用于北方民居和园林的亭、轩、廊、榭等建筑，在宫廷、寺院内也有卷棚顶的附属建筑。

卷棚悬山

（6）攒尖顶。

攒尖顶，没有正脊，只有垂脊，顶部集中于宝顶处，是一种尖形屋顶，有角式攒尖和圆形攒尖两种类型。攒尖顶为园林建筑中最普遍的屋顶形式，多用于亭、榭、阁和塔等建筑。

攒尖顶垂脊的多少根据建筑而定，一般双数的居多。常见的有三角攒尖顶、四角攒尖顶、六角攒尖顶、八角攒尖顶等。此外，还有一种没有垂脊的圆形攒尖顶。故宫中和殿为四角攒尖顶，天坛祈年殿为圆形攒尖顶。

东大寺邦克亭攒尖顶

东大寺经坛攒尖顶

1.1.4.4 构架形式

从新石器时代晚期到魏晋南北朝时期，中国木作工艺的诸多传统已基本确立。就大木作而言，这一时期，中国工匠通过实践，创造了抬梁式、穿斗式和井干式三种主要构架形式，建构了宫殿、民居、寺庙、宗祠、楼台、亭阁、塔桥、园林等基本建筑类型。三种木构架形式中，以抬梁式、穿斗式影响最深远。

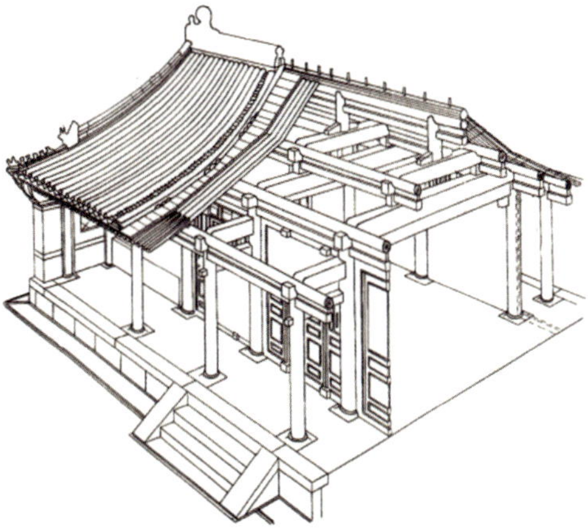

抬梁式

（1）抬梁式。

抬梁式又称叠梁式构架，是中国古代

建筑中最为普遍的木构架形式，是沿着房屋的进深方向在石础上立柱，柱上架梁，再在梁上重叠数层瓜柱和梁，最上层梁上立脊瓜柱，构成一组木构架。抬梁式在春秋时期就已初步完备，是应用范围最广的构架形式。

抬梁式特点：抬梁式结构复杂，但结实牢固，经久耐用，用柱少，跨度大，可以营造出开阔的大空间，能较好地体现建筑内部雄伟壮丽的气势；但抬梁式会用大量横梁，需要大量整根木材作为屋顶的支撑，耗费木材较多，且构件器形较大，结构复杂。由于没有三角形架构，其整体稳定性不足。

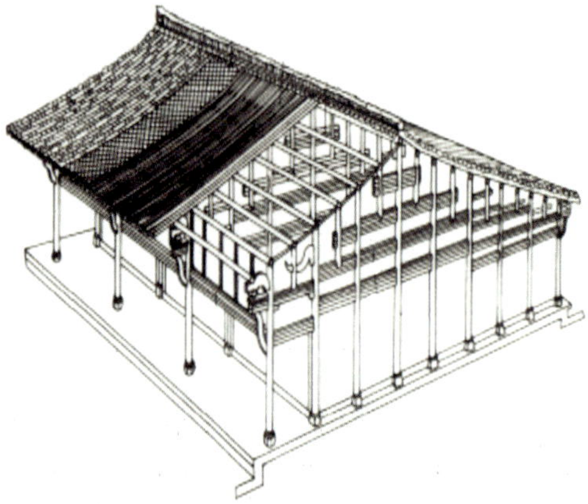

穿斗式

（2）穿斗式。

穿斗式是用穿枋将柱子串起来，形成一榀榀房架。檩条直接搁置在柱头，再沿檩条方向用斗枋将柱子串联起来，由此形成屋架。穿斗式在汉代已经相当成熟了。

穿斗式特点：柱子相对于抬梁式要细、密，可以用较小的材料建造较大的房屋。用料较少，可预先拼装成整体屋架，然后竖立安装，便于施工。网状结构，牢固性强，整体的韧性也较强，整体结构具有高度的完整性。但由于采用大量的柱、枋相接，导致室内没有贯通的大空间，不适用于宫殿等需要空间较大的建筑，在南方民居建筑上较为常见。

为了追求空间的开阔性和整体的坚固性，常采用抬梁式与穿斗式构架相结合的混合式，即在山墙部分使用穿斗式，在建筑中部使用抬梁式，取长补短，形成具有稳定性的开阔空间。

（3）井干式。

井干式因其所围成的空间似井而得名，是一种不用立柱和大梁的房屋结构，用圆木或矩形、六角形木料平行向上层层堆叠，转角处木料端部交叉咬合，形成房屋的四面墙。

井干式特点：结构简单，施工方便，但耗材量大，需要大量木材堆叠成墙；由于太过耗费木材，不够经济划算，目前除少数林区外已很少使用，不及抬梁式和穿斗式应用广泛。

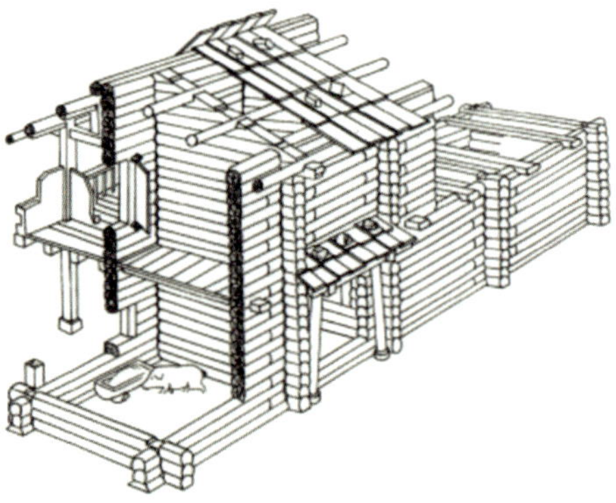

井干式

1.1.4.5 主要构件

（1）柱。

柱是直立承重的建筑构件，屋面重量自上而下经柱传至基础。传统建筑中的柱按外形可分为直柱、梭柱，截面多为圆形。按照在建筑中的位置分类，有檐柱、金柱、中柱、山柱、角柱等。这些柱子是直立于地面上的，用来支撑梁架。还有一类不落地的短柱，位于梁上，安装在梁与梁之间，也是传递力的构件，如雷公柱、脊瓜柱等。

檐柱：又称外柱，木结构建筑檐下最外一列支撑屋檐的柱子，多用于重檐或重檐带平座的建筑物上，用来支撑挑出较长的屋檐及角梁翼角等。柱子断面有圆、方之分，通常为方形，柱径较小。

金柱：在檐柱以内的柱子，除在建筑物纵中线上的都是金柱。金柱又有里外之别，离檐柱近的是外金柱，远的是里金柱。重檐大殿里，在普通金柱的位置上支着上檐的是重檐金柱。

中柱：在建筑物纵中线上，顶着屋脊而不在山墙里的称为中柱。

山柱：在山墙的正中，一直顶到屋脊的是山柱。

边柱：上面三个方向有梁，在房子外墙下。

角柱：位于建筑角部，与柱正交的两个方向各只有一根框架梁与之相连接的框架柱称为角柱。

童柱：放在横梁上，下端不着地，上端的功用和位置与檐柱、金柱相同的是童柱。

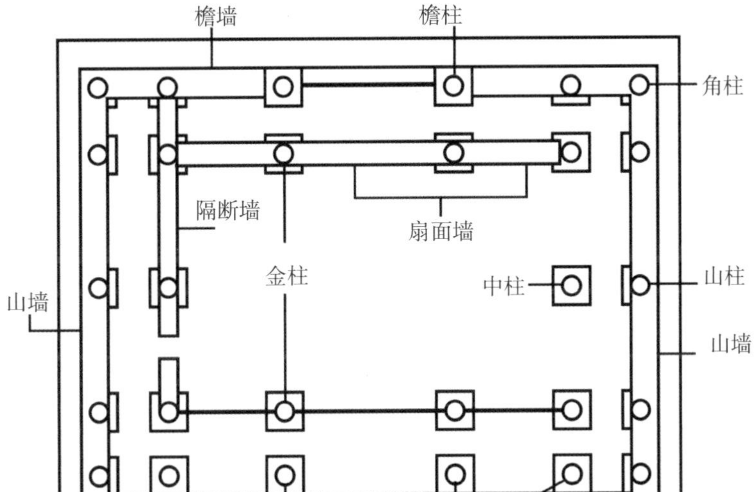

墙柱示意图

直接落地的圆柱（瓜柱一类的短柱除外）上下两端直径是不相等的，根部略粗，顶部略细，这种做法称为“收分”。柱子做出收分，既稳定又轻巧。小式建筑柱子收分的大小一般为柱高的 1/100，大式建筑柱子的收分为 1/1 000。①

① 安沛君，杨瑞 . 营造 [M]. 郑州：大象出版社，2016：128.

建筑最外一圈柱子的下脚通常要向外侧移出一定的尺寸，使外檐柱子的上端略向内侧倾斜，这种做法称为“侧脚”，可以加强建筑整体的稳定性。清代建筑，柱子的侧脚尺寸与收分尺寸基本相同。外檐的柱脚中线按原设计尺寸向外侧移出柱高的 1/100（或 7/1 000），并将移出后的位置作为柱子下脚的中轴线，而柱头的位置仍保持原位不动，这样就出现了柱根、柱头两个平面位置。

（2）梁。

梁，宋称栿，直接承托檩，是抬梁式木结构建筑中连接柱子和承托屋架的重要结构部件。在整个木构架中，最下一层梁置于柱头上或与铺作组合，上一梁比下一梁短，层层相叠。

梁按其在构件中的部位不同，可以分为单步梁（又叫抱头梁，宋称劄牵）、双步梁（宋称乳栿）、三架梁（平梁）、五架梁（宋称四椽栿）、七架梁（宋称六椽栿）、顺梁、扒梁、角梁（阳马）等。

按照其与天花板的位置关系可分为明栿和草栿，明栿即位于天花板之下的梁，草栿是指位于天花板之上未经刨整的梁。按其外形又可分为直梁和月梁，二者的不同之处在于：直梁四面平直，月梁经过艺术加工形弯如弓、梁底微内凹。

宋代木梁的高宽比均为 3 ∶ 2，清代大约为 5 ∶ 4 或 6 ∶ 5，截面多为矩形。南方住宅中有的梁断面为圆形，称为“圆作”。梁头在汉代明器中作垂直截割，唐代出现批竹梁头，宋元建筑常用的为蚱蜢头式，明清则多用卷云式或挑尖式。

（3）枋。

枋与梁一样是置于柱间或柱顶的横木，和梁所处的高度相差不多，但走向上有区分：梁是置于前后金柱或是置于金柱与檐柱之间的横木，而枋则是置于檐柱与檐柱或是金柱与金柱或是脊柱与脊柱之间的横木。简单地说，大多数的梁是与建筑的横断面方向一致的，而枋则主要与建筑的正立面方向一致。枋因位置的不同，主要分为额枋、金枋、平板枋、脊枋等。

额枋：也叫檐枋，宋代之前称为阑额，是置于檐柱与檐柱之间起联系作用的矩形横木，是柱子上端联络和承重的木构件。在南北朝的石窟建筑中可以看到此种结构，位于柱子上端以托起斗拱等；隋、唐以后移到柱子中间，到宋代始称为“阑额”。额枋有时两根并用，上面的一根叫大额枋，下面的一根叫小额枋（宋称由额），两者之间使用垫板（宋称由额垫板）。在内柱中使用的额枋又被称作“内额”，位于柱脚处的类似木结构叫作“地栿”。

金枋：清式建筑构架名称之一，也是枋的一种，位于金柱与金柱之间。金枋有上、中、下之别，即上金枋、中金枋、下金枋。

平板枋：宋称普拍枋，位于额枋之上，用来承托斗拱的木结构。其始见于唐代，后世在额枋与平板枋的尺寸上又不断地演变。

脊枋：处于正脊位置的枋称为脊枋。

雀替：置于梁、枋下与柱相交处的短木，可以缩短梁、枋的净跨距离。用在柱间的花牙子称为花牙子雀替。在建筑末端，由于开间较窄，自两侧柱挑出的雀替常连为一体，故称为骑马雀替。

（4）桁。

桁，又称桁条、檩条、檩子，在宋式建筑中称榑，是在梁（或柱）和椽之间起过渡承重作用的构件。按其部位分，可以分为脊桁（宋称脊榑）、上金桁（宋称上平榑）、中金桁（宋称中平榑）、下金桁（宋称下平榑）、正心桁（牛脊榑）、挑檐桁（撩檐榑）等。

（5）椽。

椽，也叫椽子、椽条，是放在檩上架着屋顶的木条。木构建筑的屋顶都有挑出的屋檐，屋檐的主要构件就是椽子。它密集地排列于檩上，与檩垂直，是支撑屋顶盖材料的圆形木条，按屋面坡度铺砌。椽的功能是承托屋顶的望板和瓦等材料，并保护檐口下的木构架及夯土墙少受雨淋的侵蚀。椽条位置不同，称谓不同，主要有檐椽和飞椽。

檐椽：架在下金桁与檐桁（正心桁）间的椽子，是木构架中最外侧一步架上的椽子。

飞椽：又称飞檐椽。在大型木构建筑中，为增加挑出的深度并使瓦沟水流远，在圆形断面的檐椽末端并附着于檐椽之上还要加钉方形断面的椽子，从而加长了屋檐挑出的深度，这段方形断面的椽子叫飞椽。

长清灵岩寺檐椽和飞椽

（6）斗拱。

斗拱是中国建筑特有的形制，是中国古建筑的灵魂。其大小和复杂程度决定着一座建筑的用途和规格，通常重要的或带纪念性的木构建筑物都会用到斗拱。即使是砖石修筑的建筑物，也都仿木架斗拱的形制叠砌雕凿而成。斗拱不仅是中国建筑独有的一部分，而且是中国建筑独有的一种制度，其本身的发展也代表了中国各时代建筑演变的主要历程。

斗拱由多种形状各异的木块重叠装配而成，其中层层挑出的弓形短木称为“拱”，它使屋檐得以伸出屋身之外，在两层拱之间垫以“斗”形的小方木块。斗拱是大型建筑物柱与屋顶间的过渡部分，主要用于承受上部支出的屋檐，将其重量或直接集中到柱上或间接地先传至额枋再转到柱上。斗拱位于柱顶、梁枋与屋顶之间，它的使用不仅增加了屋檐的伸出长度，而且能缩短梁、枋跨度，使各节点有良好的受力，以保证柱网的稳定，因而是大型重要建筑不可缺少的部分。

斗拱在中国木构架建筑的发展过程中起过重要作用。它的演变可以看作中国传统木构架建筑形制演变的重要标志，也是鉴别中国古代木构架建筑年代的一个重要依据。

斗拱的演变大体可分三个阶段：

第一阶段为西周至南北朝。西周铜器拱令簋上已有大斗的形象，战国中山王墓出土的四龙四凤铜方案上有斗和呈45° 斜置拱的形象。汉代时，斗拱不仅见于各种文献，在汉代的石阙、明器、画像石和画像砖上也有大量斗拱的形象，有高达三四层的方形楼阁和望楼，每层用斗拱承托腰檐，其上置平座，将楼阁划分为数层。这时的斗拱既用以承托屋檐，也用以承托平座。它的结构机能是多方面的，同时也是建筑形象的一个重要组成部分。这种在屋檐上加栏杆的方法已见于战国铜器中，到汉代又合理地运用木构架的结构技术满足功能上遮阳、避雨和凭栏眺望的要求；同时各层腰檐和平座有节奏地挑出与收进，使楼阁的外观既稳定又有变化，并产生各部分虚实明暗的对比效果，创造了中国楼阁式建筑的特殊风格。从汉高颐阙和四川牧马山、山东高唐出土的汉明器陶楼上可以看出，柱顶有斗拱承托檩、梁或楼层地面枋，挑梁外端的斗拱承托檐檩，各个斗拱间互不相连。汉代以后，开始在柱间用斗拱，最初是一种在现代称为人字拱的斗拱，即在额枋上立一个叉手，上置一斗，承托檐檩。

第二阶段为唐代至元代。这个时期斗拱的主要特点是：柱头斗拱所承托的梁多插入斗拱中，使斗拱和梁架拉结在一起，顺屋身左右横出的拱也和井干状的柱头枋交搭在一起。建筑的一圈柱头枋和同它成直角的正、侧两面的梁交织成一个分为若干井字格的水平框架，斗拱成为各交叉处的加强节点。这时斗拱已不再是孤立的支承架或挑檐的构件，而是水平框架不可分的一部分。这个水平框架现在称为“铺作层”，用于殿堂型构架柱网之上，对保持木构架的整体性起着关键作用。宋代《营造法式》中所载各种殿堂构架的斗拱与梁架结合，已不如唐代紧密，但仍延续唐代做法。

第三阶段为明代至清代。自明代开始，柱头间使用大、小额枋和随梁枋，斗拱的尺度不断缩小，间距加密。清式建筑的梁不再像宋式建筑那样穿插在斗拱中，而是压在斗拱最上一跳之上，直接承挑檐桁。因此，斗拱发展到明清以后便不再起维持构架整体性和增加出檐的作用，它的用料和尺度比宋式建筑大为缩小。

战国错金银四龙四凤铜方案（现藏于河北博物院）

1.1.5　小木作

小木作是指在古代建筑中非承重构件的制作和安装，包括装修及家具制作，如门、窗、藻井、隔断、家具和各种木质器物等的制作安装。

古代木构建筑中，通常把非承重木构件的制作和安装归属小木作。在宋代《营造法式》中，归入小木作制作的构件有门、窗、隔断、栏杆、外檐装饰及防护构件、地板、天花（顶棚）、楼梯、龛橱、篱墙、井亭等。元代苏天爵编的《元文类》明确将家具归为小木作，“木工之名则一，而其艺有大小，如营建宫室，则大木之职也。若舟车以济不通，几案以适用，此皆小木之为也。”①

清工部《工程做法》称小木作为装修作，按空间部位可划分为外檐装修和内檐装修两部分。面向室外的称为外檐装修。如处在室外或分隔室内外的门、窗、户、牖，包括大门、屏门、隔扇、帘架、风门、槛窗、支摘窗、栏杆、楣子等，均属外檐装修。外檐位于室外，易受风吹日晒、雨水等侵蚀，在用材、雕镂、花饰、做工等方面都要考虑到这些因素。面向室内的称为内檐装修。内檐装修主要针对房屋的室内部分，如碧纱橱、栏杆罩、落地罩、几腿罩、花罩、炕罩、太师壁、博古架、壁板、护墙板以及天花、藻井等的装修。内檐位于室内，在用料、做工、雕刻等各方面更加精细。

下面主要从小木作的门、窗、隔截、天花板和家具来重点介绍。

1.1.5.1　门

《营造法式》所列门有外门与内门之分，外门含乌头门、版门、软门三种，内门仅格子门一种。

① 苏天爵 . 元文类 [M]. 北京：商务印书馆，1958.

（1）乌头门。

乌头门，又称棂星门，位于住宅、祠庙正门之前，是一种独立的建筑物。唐、宋时，六品以上官员住宅前可设置这种仪门，宋代也用于祠宇、坛庙前。门的形式简单，仅用两根木柱栽入地中夹持中间的门扇，木柱顶上套筒瓦用以防雨水腐蚀，用墨染黑，故称“乌头”。门扇上部用透空棂格，由门外可望及门内。门上有额枋联系二柱。门限（地栿板）为活动式，必要时可抽去，以通车马。地栿板由立柣与卧柣夹持定位。这样的乌头门也称为“乌头绰楔门”。

这种乌头绰楔门，应是乌头门的一种特殊做法。其特殊之处在于“绰楔”。绰，宽也；楔是门两旁的木柱。绰楔门是官府大门，门限很高，以示高贵、威严，在必要时又可抽去以利通行。它和断砌门相似而又有区别：一是阶基不断开；二是门限（地栿板）两旁立柣有斜势，有利于上下装卸门限。在江南明清祠庙、衙署、官宅等遗存中尚可看到这种门制。

（2）版门。

版门，这是一种用木板实拼而成的门，用作宫殿、庙宇的外门，有对外防范的要求。所以门板一般较厚，厚度视门高而定，通常为 1.4～4.8 寸（1 寸 =0.0333 米）。版门很笨重。门扇不用边框，全部用厚板拼成，拼合接缝有牙缝造与直缝造两种，简单地说就是有企口与无企口之分。各板之间须用硬木“透栓”若干条贯串起来，以保证门扇连成一个整体。这是版门拼合构造中的一种重要措施，直至明清，城门仍用此法。门低小时，门砧用木制；门高大时，门砧用石制，且须用铁件加强上下转轴及轴承。城门防御要求更高，版门尺寸更大，用料也更为厚重。

（3）软门。

软门，是分隔内院的门，因防御要求较低，所以用料与版门相比要薄而小。门内只用手栓、伏兔或承拐楅等防御能力较低的锁门构件。

软门的形式有两种：一种就称为软门，其构造方法和格子门相似，即用周边的桯和身内的横条构成框架，再在框架内镶以木板而不用格子；另一种称合版软门，其构造方法和版门相似，也是一种实拼门，即门板周边也不用框架而由肘板与楅联结木板。合版软门与版门的不同之处在于门高最大限于 13 尺（1 尺 =0.333 米），身口板厚度比版门减 1/4，肘板与楅的用料也略小。这是一种防御性能逊于版门而强于软门的门。

（4）格子门。

格子门，因门的上部有供采光的格子而得名。自五代至清末，中国建筑都采用这种方式解决室内采光问题，直到玻璃普及后，这种以木格子为骨架并以纸、绢等为被覆物的门窗才退出历史舞台。

格子门是用周边的桯及身内横向的腰串构成的框架，每扇除去上下桯、腰串及腰华板后所剩的长度分为三份，腰下一份嵌障水板，腰上两份装格眼，格眼周边另有子桯为框，可整体安装于门桯形成的框上。常见的格眼有四斜球纹格、四直球纹格和四直方格三种。格子门的边框（桯）的线脚有六种，从繁到简，供不同等级的建筑物使用。

格子门的重量较轻，另设搏肘在边框上作为转轴。门各部分用料较少，关门后用拨榡或立榡，门上、下轴承用小构件伏兔，门的防御性较低。四扇门中，旁边两扇是固定的，但必要时可以卸去，中间两扇则可启闭。

广汉文庙的棂星门

格子门

1.1.5.2 窗

（1）直棂窗。

常见的直棂窗有两种：一种是破子棂窗，即将方木条依断面斜角一剖为二成两根三角木条做窗棂，三角形底边一面向内可供糊纸；另一种是“板棂窗”，即用板条做棂子，内外两侧均为平面。还有一种是将棂条做成曲线形或波浪形，称为“睒电窗”，施于殿堂后壁之上或佛殿壁山高处，也可以装在平常高度上作“看窗”。

（2）阑槛钩窗。

阑槛钩窗是一种有靠背栏杆和坐槛的窗子，主要用于楼阁上，可以临窗倚坐，欣赏窗外风光。此窗构造分为上部的窗扇与下部的坐槛两部分：窗扇四边无桯（边框），仅有子桯与条桱；坐槛设槛面板，板外侧是鹅项柱、云栱和寻杖，板下设心柱、榑柱、托柱及障水板。

《营造法式》规定此窗“每间分作三扇”，窗幅较宽，所用条桱也比格子门粗。这种窗在宋画《清明上河图》《雪霁江行图》中所画的江船上可以看到。明清江南园林及民居中的“美人靠”“飞来椅”则是这种窗的承传。“钩窗”之名，或因窗外设有钩阑而得之。《清明上河图》中城门内外两处酒楼有人倚窗而坐，窗外钩阑为卧棂造，用蜀柱斗子，是类似阑槛钩窗的一种做法，所缺的只是一块可供坐憩的槛面板，画面中的江船上则有完全意义的“阑槛钩窗”。这种窗的出现，打破了采光、通风、观赏都不佳的直棂窗一统天下的局面，开创了中国古代窗子发展的新纪元。至此，直棂窗逐步被可启闭式窗所替代。

破子棂窗

板棂窗

《清明上河图》中的阑槛钩窗

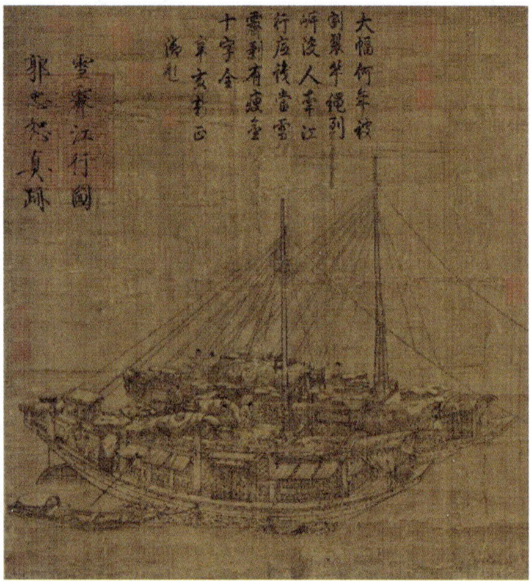

《雪霁江行图》中的阑槛钩窗

1.1.5.3 隔截

用作室内空间分隔的木装修品种较多，主要有以下几种。

（1）截间板帐。

截间板帐是立于前后柱之间的一种板壁，用以分隔左右两间的空间。板帐的高度为6～10尺，上下分别用额枋与地栿固定于柱子上，再以槫柱、槏柱、腰串分割后填以木板，木板则依靠压条固定在框架上。为防止木板收缩后出现裂缝，两面都用护缝条压缝，护缝条上下两端可用三瓣的或如意头状的牙头板作为装饰。

（2）截间格子。

即仿照格子门的样式，将分间的隔截做得富有装饰效果：下部安板，上部用球纹格眼。其中又分为殿内截间格子和堂阁内截间格子两种：前者高大，用料厚重；后者低矮，用料也较轻巧。殿内截间格子可在障水板部分设一扇小门，由于此门过于低矮，似非正常出入之用。另有一种“开门格子”的做法，即在截间格子上再开两扇可开启的格子门，便于相邻两间人员的往来。

（3）板壁。

做法和格子门相同，只是把上部的格眼换成木板，再用若干扇这种有框的构件拼成整片壁面，作为室内的分隔。这种板壁在江南一带明清建筑中仍被广泛沿用，留存了众多遗物。

（4）隔截横钤立旌。

这是一种木框架，以之作为墙筋，再填以木板或编竹造抹泥粉面，形成相当于近代常用的灰板墙。其用途相当广泛：一是用作室内的照壁；二是作为门窗或墙的上部，如在门窗左右，同样可作为泥道来使用；三是用于前后柱之间，作为分隔相邻两间的截间使用。

（5）照壁屏风骨。

照壁屏风骨安于殿堂心间后部左右两内柱之间，作为主座的背衬屏障。其做法有整片式与四扇式，也有固定式与启闭式之分。

整片式屏风骨称截间屏风骨，即在两柱之间用额（上）、地栿（下）、榑柱（两侧）形成边框，沿边框内加一圈“桯”形成内框，桯内用木条制成大方格的格眼，再在其上糊纸或布帛。照壁屏风上都有字画为饰，其中多为山水画。

四扇式屏风骨的构造方法和整片式屏风骨相似，只是需用桯做成四副木骨架后再安装于额、地栿和榑柱所形成的框架内。这种屏风也可以做成启闭式，在桯上加转轴——搏肘，并在额及地栿上设轴承（伏兔）即可。

1.1.5.4 天花板

天花板古称承尘。天花板之名始见于明代。宋时承尘之法有三，即平暗、平棋、藻井，都是沿用唐时旧法。此类承尘都只用于殿、阁、亭三种建筑物，厅堂及余屋都不用。

（1）平暗。

平暗是最简单的一种承尘做法，即用木椽做成较小的格眼网骨架，架于算桯枋（天花枋）上，再铺以木板。其一般都刷成单色，通常为土红色，无木雕花纹装饰。

（2）平棋。

平棋是一种有较大方格或长方格式样的天花板，规格高于平暗。其通常用木雕花纹贴于板上作为装饰，并施以彩画。这是防止屋顶尘土掉落的设施之一，也有装饰作用。

在屋顶上，在大梁之下，以方木条相交构成方形、长方形或者多边形的格子，然后在其上覆盖以稍大的木板。板下施彩绘，或者贴以有彩色图案的纸。这种形式，宋代称作“平綦”。在敦煌壁画中，平棋最早出现于北魏前后，之后一直沿用。在民间，也有用竹、高粱秆等轻材料作框架，然后糊纸。这和明清天花板每一格单独用一块木板的做法不同。相比之下，明清做法较轻巧，装卸自如，便于修理；宋代整板做法较笨重，安装和修理都不方便。

故宫太和殿藻井

（3）藻井。

藻井位于殿阁中心部分，用以突出室内主体位置（御座、佛座、神座）上的空间。藻井有两种规格：一种是大藻井，用于殿身内；另一种是小藻井，用于殿前副阶内。两者除尺寸大小不同之外，式样也有繁简之别：前者自下而上有三个结构层——方井层、八角井层、斗八层，所用斗拱为六铺作与七铺作；后者自下而上仅两个结构层——八角井层、斗八层，所用斗拱为五铺作。

藻井的形式看上去十分复杂，其实结构十分简单：在算桯枋（天花枋）上施方形和八角形箱式结构两层，再加一个八角形盖顶即成。至于那些柱子、门窗、斗拱等都是贴上去的装饰品，是仿大木作缩小比例尺做成的。

1.1.5.5 家具

（1）椅凳类。

椅凳类家具是家具中最为重要的一类，品种最多，造型最丰富，和人体关系最为密切。椅凳类可分为杌凳、坐墩、交杌、长凳、椅、宝座六种。

1）杌凳。

杌凳，特指没有靠背的坐具，通常按照家具制作的形制可分为无束腰和有束腰两种。按照凳面的造型又可分为长方凳、方凳、圆凳、椭圆凳、六方凳、扇面式凳、海棠式凳等。

长方凳

2）坐墩。

坐墩，又称鼓墩、绣墩，平顶微凸，弧腹中空，在上下彭牙上也做两道弦纹和鼓钉，造型近似木腔鼓，属于高坐具。常见的坐墩有开光、直棂、瓜棱三种形式，材质多为木质、石制、瓷制，室内外均可使用。

3）交杌。

交杌，又称胡床，俗称马扎，是可以折叠的交足杌凳，由八根直木构成，用绳索、皮革、织物制成软性座屉，折叠时软屉自然下折，十分方便。

坐墩

交杌

4）长凳。

长凳，是狭长无靠背坐具的统称，分为条凳、二人凳、春凳三种。

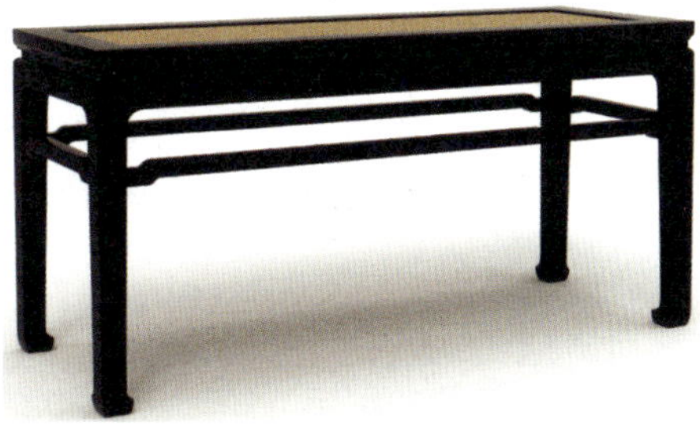

二人凳

条凳，又称板凳，大小长短不一，有小条凳、大条凳、门凳之分，多用柴木制成。其常见做法为板面凿四眼，案足加横枨。小条凳，独板厚面，四足侧角显著，面板下两侧面无牙条，不交圈，任其空敞，是民间简易的造法。大条凳，尺寸稍大，面板较厚，除供坐人外，兼可支垫沉重的物品，不经常移动。其常见的造法为加大条凳用材，腿足上端开口很深，可以衔夹宽大的牙条和牙头，用加大衔夹接触面的办法取得稳固的效果。牙头加大了，也为雕饰花纹增添了面积。门凳是长凳中最笨重的一种，固定放在大门门道两旁，极少移动。它的面板极厚，有时甚至用方木造成；有的牙条下还安长枨，加强连接，使四足更为稳固。

灯挂椅

二人凳，凳面宽于一般条凳，可容二人并坐。

春凳，属于较宽大的凳子，长五六尺，宽逾二尺，可同时坐三五人，可睡卧，当小榻使用，或陈置器物，与桌案功能相同。如今以此作为宽大长凳的专用名称。

5）椅。

有靠背的坐具，除形制特大的宝座外，都被称为椅子。明式椅子依其形制大体可分为靠背椅、扶手椅、圈椅和交椅四种。

靠背椅是指只有靠背而没有扶手的椅子。靠背由一根“搭脑”、两侧两根立材和居中的靠背板构成。在靠背椅中，搭脑出头的高靠背椅被形象地称为“灯挂椅”，是明代最为常见的靠背椅样式。搭脑不出头的靠背椅，称为一统碑椅，其中以直棂作靠背的椅子又称梳背椅。

扶手椅是指既有靠背又有扶手的椅子，常见的形式有官帽椅和玫瑰椅。官帽椅有四出头官帽椅（北官帽椅）和南官帽椅两种类型，椅子的搭脑两侧和左右扶手前端出头的为四出头官帽椅，不出头的为南官帽椅。玫瑰椅，又称文椅，靠背和扶手的高度相差不大，都比较矮，靠背与座面垂直，体型小、用材单细，造型轻巧美观。

四出头官帽椅

南官帽椅

圈椅的后背和扶手一顺而下，坐靠时可使人的臂膀都倚着圈形的扶手，不仅肘部有所倚托，腋下一段臂膀也可得到支撑，十分舒适。圈椅因圆靠背造型如圈而得名。椅圈多为三接，圆中略带扁形。

交椅就是带靠背的马扎，在古代行军打仗、打猎时供地位高者使用，也可设在中堂显著位置，有凌驾四座之势。俗语还有“第一把交椅”的说法，说明使用者地位的尊贵。交椅可分为直后背和圆后背两种。

圈椅

交椅

直后背交椅，直搭脑，两端下扣与腿足相交。圆后背交椅的结构是为了折叠，扶手要与在后腿上端的弯转而向前延伸的构件连接来支撑。所以其后腿和弯转的部分需要在转角处安角牙，起垫塞空间的作用。在弯转处安金属或木旋的棍柱，起到支撑的作用。这样椅圈就可以有五个支撑点。接榫处用金属叶片包裹，起加固作用。交椅都有金属饰件，或铜或铁，在许多构件相交的地方使用。

6）宝座。

宝座体量较大，常见于宫廷、府邸和寺院。宝座一般都施以繁复的雕刻纹样，凸显富丽华贵。

故宫博物院明紫檀有束腰带托泥宝座

故宫博物院硬木嵌玉宝座

（2）桌案类。

桌案类包括桌子和几案，主要有方桌、条形桌案、宽长桌案、酒桌、半桌、香几等。

1）方桌。

方桌有大、中、小三个尺寸，匠师名之曰“八仙”“六仙”“四仙”。方桌的用途较广，可以贴墙放、靠窗放、贴着长形桌案放，或四无依傍居中放，然后配置四个杌凳或坐墩。其常见的形式有无束腰直足、一腿三牙、有束腰马蹄足三种，还有一些比较少见的变体。

无束腰罗锅枨加卡子花方桌

一腿三牙罗锅枨方桌

2）条形桌案。

条形桌案，是指形制均窄而长的桌案。条形桌案类有条几、条桌、条案和架几案四种。

条几，指由三块厚板构成的长几。

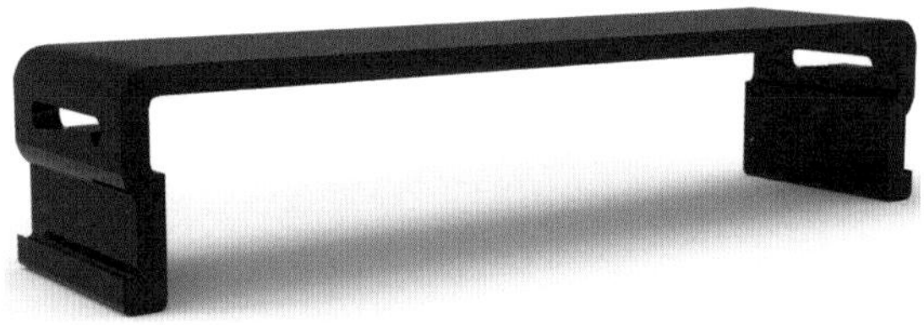

条几

条桌，指腿子位于四角，属于桌形结体的窄长桌。

高束腰条桌

条案，指腿子缩进带吊头，属于案形结体的窄长案。

夹头榫翘头案

架几案，是一种狭长的桌案。

架几案

3）宽长桌案。

宽长桌案包括画桌、画案、书桌、书案。

四种宽长桌案区分：画桌、画案都没有抽屉，宽度一般都够二尺半，过窄只能算是条桌或条案。腿在四角，呈桌形结构的叫画桌；腿足缩进，两端有吊头的叫画案。书桌、书案都带有抽屉。呈桌形结体的叫书桌；呈案形结体的叫书案。

三屉书案

夹头榫云纹牙头小画案

无束腰裹腿罗锅枨加霸王枨画桌

4）酒桌、半桌。

酒桌、半桌属于中小型的长方形桌案，都是为饮酒用膳使用的，多数都有拦水线。

酒桌，通常矮而窄，以带吊头的为常式，多为案形结体。

半桌，也称接桌，比酒桌高而宽，一般桌腿位在四角，但也有作案形结体的。半桌的尺寸约为八仙桌的一半。

夹头榫酒桌

插肩榫酒桌

无束腰直枨加矮老半桌

5）香几。

香几，是焚香祈祷、承放香炉的家具，还可以用来陈列花瓶、盆景。

除了上述桌案类型，还有炕桌、炕几、炕案，属于矮形桌，北方用得较多，主要用于炕上，形制与普通的桌案基本一致，只是在尺寸上略有差别。另外，按照桌面的造型和使用功能还有月牙桌、扇面桌、琴桌、抽屉桌案等家具形式。

月牙桌，又称半圆桌，两片半圆桌可拼合成一个圆桌；每半四足，可合可分，靠边两足的宽度为中间两足的一半。

扇面桌，是古代家具中的一种形制，大小相当于六方桌的一半。使用方法同月牙桌：两个半桌，可合可分，一般以两张扇面桌拼成一整张使用。

琴桌，是专为弹琴制造的桌子，不包括大、小条桌。有些大、小条桌也被称为琴桌，但并非专为弹琴而制。其样式上基本沿袭古制，底板一般有夹层，以形成共鸣箱。

抽屉桌，常指窄长而设有抽屉的桌子，如果将尺寸加宽加大，又可称为书桌。

黄花梨五足带台座香几

黄花梨三足圆香几

故宫博物院明铁力木四屉桌

（3）床榻类。

1）榻。

榻又称独睡床或小床，一般较窄，只有床身，上面没有任何装置，既是卧具，又是坐具。榻的形制分为无束腰和有束腰两种。

无束腰的榻，一般都是圆材直足，方材或方材打洼的少见，有的用直枨加矮老，有的用罗锅枨加矮老，或用卡子花代替矮老。枨子有的用格肩榫与腿子相交，有的为裹腿做。其形式与无束腰的长凳、炕桌、罗汉床相似。有束腰的榻，最基本的形式是方材，素直牙条，足端造出内翻马蹄。同类榻的变化，多出现在腿足、牙子和束腰的造法上。

有束腰三弯腿榻

四面平榻

2）罗汉床。

罗汉床，是指床上后背及左右两侧安装“围子”的卧具。床围子最常见的有“三屏风式”“五屏风式”“七屏风式”。罗汉床一般体型较大，有无束腰和有束腰两种类型。

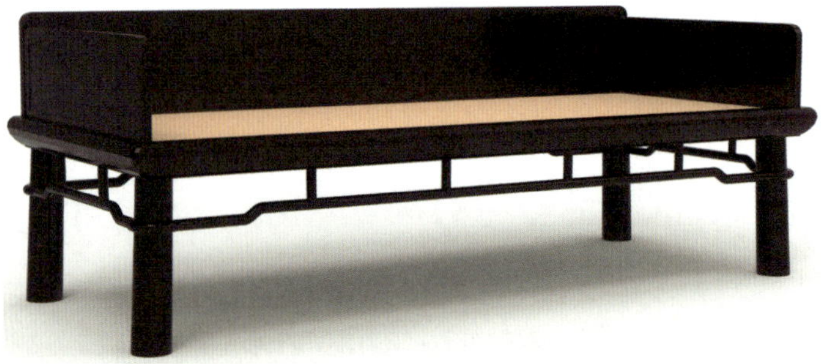

三屏风围子罗汉床

三屏风攒接围子罗汉床

3）架子床。

架子床是有柱有顶床的统称，按照样式可分为四柱床、六柱床、月亮门式架子床、满罩式架子床、拔步床五种。

四柱床，三面设矮围子，四角立柱，上承床顶，顶下周围往往有挂檐，或称横楣子。因它有四根柱子，故称“四柱床”。其单人床居多，多是青少年使用，在装饰纹饰上，男孩多用五子登科、连中三元等积极向上的题材，女孩的架子床上一般雕有鸳鸯、牡丹花和狐狸、葡萄等寓意吉祥题材的纹饰。

六柱床，又称门围子架子床，是在四柱床的基础上在床沿加两根门柱，门柱与角柱间还加两块方形的“门围子”。六柱床多是夫妻或中老年人用的架子床，床面宽。根据使用者的不同，会有特定的装饰纹样，如老人床上的装饰纹样是象征多子多福多孙、长命百岁的葫芦万代、三多图案，中青年夫妻用的是象征人丁兴旺的缠枝莲、童子抱莲、麒麟送子等题材的装饰纹样。

月亮门式架子床，是在正面床沿安装月洞式门罩的架子床。

六柱床

月亮门式架子床

满罩式架子床，四面围子与挂檐上下连成一体，除床门外形成一个方形的完整花罩。

拔步床，又称八步床、踏步床，明清后期比较流行，是建筑中前堂后室的缩影，从外形看就像一个小屋，体量大，有一定的进深。拔步床前面设浅廊，廊上可以放一张小桌及一两件杌凳或坐墩等生活用品。

拔步床

4）踏床。

踏床又称脚床、脚踏、脚蹬子，原为床的附件，所以在形制上与床身相同，常与椅子、交杌、交椅、宝座、床榻等家具搭配使用。床榻前的脚踏，除少数是通长的外，大部分都是成对摆放。床上中置炕桌，炕桌两旁坐人，两只脚踏就放在坐人部位的床前以备踏脚。

（4）柜架类。

柜架类家具主要用于陈设器物和储藏物品，常见的种类主要有架格、亮格柜、圆角柜和方角柜四种。

1）架格。

架格，又称“书架”或“书格”，是以立木为四足，取横板将空间分隔成几层，用以陈设、存放物品的家具。

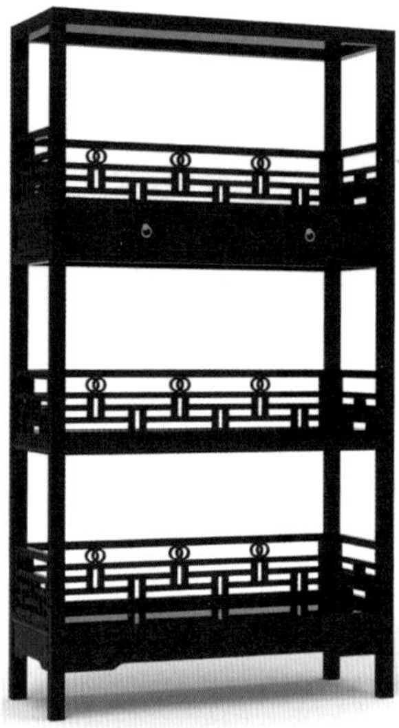

架格

三面攒接棂格架格

2）亮格柜。

亮格柜，由架格和柜子结合在一起，兼具陈置与收藏两种功能。

亮格柜

常见的形式是架格在上，齐人肩或稍高，中置器物，便于观赏；柜子在下，储存物品。

亮格柜还有一种比较固定的式样，即上为一层亮格，中为柜子，柜身无足，柜下另有一具矮几支承着它。这种形制的柜子也被称为“万历柜”或“万历格”。

3）圆角柜。

圆角柜又称面条柜、A 字柜、木轴门柜。圆角柜全部用圆料制作，柜顶转角呈圆弧形，四框与腿足不分开，各以一根圆料制作而成，四足“侧脚”，柜体上小下大；门与柜体用木门轴连接而不用合页，既转动灵活，又便于拆卸。

明代的圆角柜比较矮，少装饰；清代的圆角柜较为高挑，装饰线条也较为复杂。

圆角柜门的形式有硬挤门和安闩杆两种。硬挤门式以小型圆角柜为多，腿足外圆里方，柜帽及柜门边抹混面压边线，素牙头，无柜膛。

圆角柜

有柜膛圆角柜

4）方角柜。

方角柜一般用方材作框架，四角见方，上下同大，腿足垂直无侧脚，柜顶没有柜帽，故不喷出；柜子的各角多用粽角榫，一般与柜体以合页结合，柜门采用明合页构造，门的形式有硬挤门和安闩杆两种。

方角柜有大、中、小三种类型。小型柜一般无顶柜，虽有大小之别，但以大型居多。方角柜常见的有“一封书式”和“顶箱立柜”两种。

一封书式方角柜，又称无顶柜、顶箱方角柜，方方正正，顶部无箱。古人因其外形有如一部装入函套的线装书，故有“一封书式”之称。

顶箱立柜式方角柜，也称四件柜，顶部有箱并与柜子成对组合。四件柜是由上下两截组成：上面较矮的一截叫顶柜，又叫顶箱；下面较高的一截叫立柜，又叫竖柜。上下合起来叫顶箱立柜。又由于柜子多成对组合，每对柜子立柜、顶箱各两件，共计四件，故又叫“四件柜”。

方角柜

小四件柜

四件柜大小悬殊：小型的高一米有余，可以在炕上使用，也叫“炕柜”；中型的高约两米，它们一般上无顶柜；大型的则高达三四米，可以与房屋横梁齐平。

1.2 木作文化

木作文化，由木文化衍生而来，是木文化中的核心部分，是博大精深的中国传统文化的一部分。传统木作文化，包括工艺知识、审美观、材料观等能被民众感受到的显性内容，以及与木作相关的制度、信仰和价值观念、行为方式、社会功能等隐性内容。

1.2.1 行业规范

《周礼 · 考工记》中说：“知者创物，巧者述之守之，世谓之工。”意思是：智慧的人创造出器物并掌握了造物的技术，使其延续下来，则为工匠。新石器文化时期，手艺与艺术未分工，“工匠继承部落的传统，为所属的各种祭祀仪式服务”①。工匠因此获得了高于其他人的地位，有些甚至获得了世袭的身份。早期的士人阶层本身参与生产和分配，《论语 · 微子》中的“丈人”曾对不参与生产劳动的“夫子”提出批评：“四体不勤，五谷不分，孰为夫子？”

随着社会分工的细化，儒家学说逐步占据统治地位，典籍中“工执艺事以谏”的形式逐渐发展为文人的以工喻礼，士人阶层脱离生产劳动。《孟子 · 滕文公下》中说：“梓匠轮舆，其志将以求食也；君子之为道也，其志亦将以求食与？”这里所说的“梓、匠、轮、舆”都属木工。可以看出，这时阶层划分明确，工匠的社会地位有所下降，属于有技术能力的劳动者。

《考工记》中将工匠分为两类：一类是以氏族为限，家族世传；另一类是以巧为名，属于开放式的传承。官方手工业一直保留一定数量的工匠，或入匠籍或轮班。《礼记》中所说的“物勒工名，以考其诚”，以及《中庸》中“日省月试，既廪称事，所以劝百工也”的说法，都反映了当时的官方手工业制度。

西汉时期设衙署制作陵内器物，“东园秘器作棺梓”②，木料由官方负责督促采伐，木作工匠被称为“东园匠”。其后基本沿袭“匠”的称谓。“北齐有将作寺，其官曰大匠，兼领功曹、主簿、长史、司马等官属。后周有匠师中大夫，掌城郭宫室之制；又有司木中

---

① 张光直 . 美术、神话与祭祀 [M]. 郭净，译 . 沈阳：辽宁教育出版社，2002.

② 卫宏 . 汉旧仪 [M]. 扬州：广陵古籍刻印社，1984.

大夫，掌木工之政令。”[①]

唐代之后，管理工程的木工都称为“匠”。如柳宗元在《梓人传》中所言：“梓人，盖古之审曲面势者，今谓之都料匠云。”宋欧阳修、沈括在著作中都曾提到都料匠喻皓主持修建开宝寺塔的过程：“国朝以来，木工一人而已。至今木工皆以喻都料为法，有《木经》三卷行于世。每卧，则交手于胸为结构状，如此逾年，撰成《木经》三卷，今行于世者是也。”[②]可见木匠在营造行业中，占有十分重要的地位。

明代，随着社会转型，许多出色的工匠经由技术入仕，进入当时的官僚体系，如蒯祥、蒯义、蒯钢、蔡信、郭文英、徐杲等，因营建重大工程表现出色而进入工部。蒯祥虽任高官仍旧恭谨俭朴，遇有重大营造工程常亲自动手示范。他精湛的技艺得以流传，至晚清仍有“江南木工巧匠，皆出香山”的说法。他居住过的“蒯侍郎胡同”后来成为建筑业工匠聚集之处。

清代，清宫造办处隶属清宫内务府，主要用于承办皇宫内部需求、调集国内名匠制作，其中收录了有关木作的历史档案，如建筑装饰、观赏工艺品、宗教祭祀用具、日用器皿等木工的制作。造办处负责记录组织和管理工匠群体、储存和配送工匠制品的全过程，包括工匠技艺评估、工匠师徒传承、工匠制品的产地、工具原料、活计工期、民俗功能、社会背景和中外技术交流等。

传统木作行业经营空间属于“前后式”空间格局，即前店后厂、前作后寝和前修后造。我国的硬木材质多来自南方，南方潮湿，北方干燥，做好的木器会出现不好用的现象，木匠还要用一段时间对木器进行连续调修，最后才得到最满意的成品。为方便制作和维修，很多木作行业沿袭传统的经营布局，即前店后厂、前作后寝，保持大货库、小厂房的格局，为木器修活留足场所。木作行业根据城市行业技术程序的要求、行业资源储存的环境特点、城市社会阶层需求层次的选择以及城市人口消费能力的不同，采用前后空间切割作业和连体供应的方法工作，按需生产。[③]

至晚清民国，在外来经济、文化的影响下，中国社会发生了巨大的变迁，木作行业的社会组合和生产形式也随之发生了变化。在传统的农耕时代，从建筑、家具、生活用品到农具，木制品的需求量很大，家家户户盖房、打家具等生活必需品都需要木匠。由于当时以手工为主，要制作精美的产品就要有精湛的技艺，能雕刻的木匠屈指可数。木匠一般每村都有，手艺高超的木匠除给本村做木匠活外，还会被请到外村做活。传统的木匠一年四季在外奔波，干木匠活吃百家饭。

现代木匠从事的行业是很广泛的，社会的稳定与进步推动了木作行业的发展，除了

---

① 郑樵. 通志 [M]. 北京：中华书局，1986.

② 欧阳修. 归田录 [M]. 北京：中华书局，1981.

③ 董晓萍. 鲁班木作与北京清代至民国时期的市民社会 [J]. 西北民族研究，2011（1）：51-58.

家具行业，建筑行业、装饰行业、广告行业等都离不开木匠。由于木作行业涉及范围广，其技艺侧重点不同，口传身授和师承传递存在差异，工匠们的制作技艺各师其法、各有千秋。

现代的木匠多被称为木工，按照部门和行业分类，有建筑木工、装修木工、家具木工、造船木工等。建筑木工主要负责制作与安装屋架、门窗、天棚等，有时还要担负桥梁和水利工程等有关木工方面的工作；装修木工主要负责制作与安装隔板、隔墙、天棚、家具、墙面等木制品；家具木工以制作家具、生活用品为主；造船木工主要负责制造与修理船体木结构以及有关各种木制家具及其他设备。

按照生产对象和加工要求分类，有粗木工、细木工、木旋工、圆工、木雕工等。粗木工又名大木工，是指土木建筑工程上的木工，工作对象主要是房屋、桥梁及水利工程等大件载重结构及其设备，对木结构的连接强度和尺寸准确性要求较高。细木工俗称细木匠，即器具木工，多数指家具木工，主要进行室内装饰和木制家具的制作。细木工产品要求精心设计、细心施工，对光洁度和精密度要求都很高。木旋工又名木车工，使用木工车床，专门旋削圆形或弧形加工件。凡是木工难以用手工工具制作的圆形件，如木家具桌、椅、床、柜的圆腿以及抽屉拉手，衣架上的圆盘和柱等，都需要由木旋工用车床来加工。圆工又名圆作木工，专门制作圆形物件，如木盆、木桶等生活用品。木雕工又名雕刻工，不但要求精通木工技能，而且要有较高的美术工艺水平，要合理运用材料进行装饰，主要是配合细木工制作高档木制品。

按照加工生产方式分类，有机械木工与手工木工两大类。[①]机械木工是以机械操作代替手工操作的木工，工作范围包括制材和机械加工两部分。制材的主要任务是把原木锯解成板材或方材，称为荒料加工。机械加工又叫作成材加工，主要是将板材通过锯、刨、铣、车等加工方式，加工成毛坯料或工作物的配件。手工木工以手工操作为主，对干燥后的板方材通过工具加工制成半成品或成品，如建筑上用的屋架、门窗以及家具的桌、椅、床柜等。

除上述木工类型外，还有一些木工爱好者，以个人兴趣为出发点，做一些日常生活用品、装饰品等，使用的工具以便捷、实用为主，很多作品富有个性化特质，随意性、探索性更强。随着木工爱好者越来越多，市场上出现了以木工培训为主的培训机构，以满足对木工手造作品感兴趣的人群。培训机构以手工体验及制作为主，有专业的木工师傅做指导，没有任何基础的人员也可以参与，对中国传统木作技艺的传承与发展起到了很好的推动作用。

木作行业的规范是对木作行业在生产过程中的经验总结，通过书面或口口相传的形式对行业行为进行规定，告诫工匠什么是可以做的、什么是不能做的；对于一些难以理解

① 张晶．现代精装修工人实用手册：木工 [M]. 南昌：江西科学技术出版社，2006.

和释义的行为规范，借助行业中的信仰来保障从业者的权利。这种行业规范大致有以下两类：

第一类是木作工艺技法和行为规范，是基于对自然规律的认知和总结。

木作行业中有大量以谚语、口诀等形式存在的行为规范，是先辈们经过一代代积累总结的经验，可以帮助木匠提高工作效率，减少不必要的财产损失和人员伤亡。例如《鲁班经》中提及药箱要用杉木而忌用杂木，因为杉木性温无毒、变形较小，这是对材料性能的认识。《鲁班经》还针对一些具有潜在危险的活动进行规范，帮助工匠安全顺利地完成工作。总体来说，这类行业规范、禁忌仍属经验的范式。

第二类为心理暗示，即人们对趋利避害心理行为的表现。

中国人自古对象征美好寓意的事物有着执着的追求，为图吉利会避开某些使人产生不祥想象的话语，这些话语多数为谐音。这种避讳的行为也和工艺要求紧密结合。《便民图纂》中说“桑树不宜作屋料，死树不宜作栋梁”，在民间也有“桑不上房”的说法。千百年来，人们几乎没有使用过桑木，一方面是“桑”与“丧”谐音不吉利，另一方面是因为桑木材料较软且无大材，不适合作为梁檩。在木作的装饰中，各种装饰纹样都要取自美好吉祥的寓意，如木作中常用到的“二龙戏珠”寓意太平盛世、祥瑞、高贵，小木作中常用到的鸳鸯戏荷常作为夫妻恩爱、永远幸福的美好象征。

1.2.2 行业仪式

传统木作行业仪式以祭祀仪式、建造仪式为主要表现形式。木作行业仪式的首要作用是行业内部通过组织修庙立碑、祭祀等仪式塑造和强化行业神的权威，加强行业群体内部的认同感和凝聚力；其次，工匠群体通过仪式以提高木作从业者的社会地位。

根据祭祀对象、功能分类，木作行业仪式可分为两种类型。

一类是木工行业内部针对从业者进行的特定的仪式。在仪式供奉中，通常以主神的神像、牌位居中，配神居左右。除坐北朝南供奉祖师鲁班的牌位外，墨斗、曲尺和斧子等工具也被摆放在突出的位置。建筑工匠还进一步将墨斗、曲尺这两种工具人格化和神化，奉为“墨斗曲尺仙师”，在广州铅印本《鲁班经》中就有墨斗曲尺先师与鲁班并祀的神位图示。

逢农历初一、十五或鲁班诞辰、祭日，全体工匠聚在一起祭拜、看戏、喝酒，借此机会与同乡同业畅叙。祭祀仪式一般在鲁班庙或鲁班殿进行。有些行会的所在地附近通常建有鲁班庙或鲁班殿并设有神座或牌位，从而使行会公所既是同业议事的会所，又是同业祀神拜祖的场所。

鲁班庙

在祭拜祖师的同时，除了组织收徒拜师等活动，按惯例还会商讨来年的工资问题，这也是为将来解决劳资纠纷有规可依。会商前要先将祖师爷的牌位安坛、设驾上香，然后才开始入座，边吃边谈。有时祭祀仪式的举办还会附加特定的目的，如借鲁班诞辰开展的“停工行动”，或通过举行鲁班诞辰同人大会进行筹款等重大活动。

第十五届曲阜鲁班文化节

另一类是建造仪式，这类祭祀仪式贯穿于木作生产过程的前、中、后期。在木作生产过程中，对于工匠来说，无论自己如何小心从事，总是存在着某些无法控制的事件。比如，在制作家具之前备料的过程，板材需要经过一定时间的自然干燥才能进行家具制作，而这个过程就需要看天吃饭。因此，在木工行业从业者心目中对于鲁班的信仰比起其他神明更加重要和神圣。在木作生产活动中，各种仪式常被用来配合工程进度以祈求好运，当然主要目的还在于以此来安抚从业者的心情。

造船工匠在动工前，摆上一桌酒菜，木工中为首的主工师傅将《鲁班经》恭敬地摆放在焚香点炉的香案正中，并手执五尺（木工量具）对《鲁班经》作揖三次，口里念着“开山子（斧头）一响天门开，请得鲁班先师下凡来”。随后木工们围坐吃酒菜，船主先敬第一杯酒给主工，席后再动工造船。这叫作“开张神佛”。

《鲁班经》记录了从入山伐木、起工架马、起工破木、画柱绳墨，到立木上梁等建房过程中需要挑选吉日，并按照祖宗留下的范式举行仪式的重要节点。比如开工时，将木马先放在吉方，然后将后步柱安放马上，起手俱用翻锄向内动作。

在这些仪式中，以“立木上梁”作为标志建房竣工的仪式最为隆重，正如俗话所说：“一家不可无主，一屋不可无梁。”在农村经常听人说：“房顶有梁，家中有粮；房顶无梁，六畜不旺。”可见梁在老百姓心目中的重要性。上梁被人们视为建房中最重要的一步。很多人认为上梁是否顺利，不仅关系到房屋的结构是否牢固，还关系到居住者子孙万代是否兴旺发达。所以每逢上梁都要举行隆重的仪式，整个上梁仪式可以说都是围绕正梁进行的。

中国传统建房的上梁仪式始于魏晋，至明清时已普及至全国各地。在上梁仪式中，秤丈竿、墨斗、曲尺等工具往往被视为技艺的象征，有时候也直接作为祖师爷本身的象征。浙江乐清一带上梁时由木工掌墨师傅把秤丈竿、墨斗、曲尺捆绑于竹筛上并悬挂于门上，秤丈竿一头撑地，桌上摆上三牲。一般由瓦工和木匠扛梁登梯上梁，随着扛梁人一步步登高，东家燃放鞭炮，木匠唱赞词，如“下有金鸡叫，上有凤凰啼，此时正上梁”。大梁升到堂屋脊上并安置好后，瓦工、木匠将主人准备好的糖果、红枣等从梁上抛向四周围观的人群中，称为抛梁粑，意为财源滚滚来。一时间，前来看热闹的男女老幼争抢，人越多主人越高兴。最后，主人准备丰盛的酒食款待匠人、帮工和亲朋好友并分发红包。至此，上梁仪式才算全部结束。

莱州上梁仪式

1.2.3 鲁班信仰

鲁班，姓公输，名班，春秋战国时期鲁国人，今山东滕州人，是我国古代优秀的手工业工匠和杰出的发明家，两千多年来一直被土木工匠视为祖师，受到后人的尊崇。

鲁班一生有很多发明创造，给中华民族留下了丰厚的文化遗产。他发明了锛、凿、斧、锯、刨、钻、铲、曲尺等木工器械，创造了门、窗、桌、床等生活用品。他打造的碌、碓、碾、磨，实现了人类粮食加工的第一次革命。他建造的亭、桥、殿、阁，丰富了土木建筑的建造技术。他削制的木鸢，是人类航天史上的第一个飞行器。他制作的木人，可称为世界上第一个机器人。他砌垒的碌碡大堤，变水害为水利，早于李冰父子的都江堰二百余年，至今犹存。他不仅是木、瓦、石、雕、舟、车、机械业的“百工祖师”“行业神”，也是劳动人民智慧的化身。

正是有了这样的丰功伟绩，后人在文献记载的基础上进行创造，围绕着鲁班形成奇迹般的神圣色彩，使鲁班成为我国民间传说中一位无处不在、无所不能的能工巧匠。中国传统木作行会借用民间信仰的形式，在业内形成了鲁班信仰。

鲁班由于被人们赋予了神圣的特质，在道德上具有感召力，通过民间传说中一个个鲜活、生动的事例对从业者的行为起到道德规范的作用。关于鲁班的传说在中国民间流传时间长、传播地域广。鲁班研究专家王中先生编写的《鲁班的传说》中记载了许多关于鲁班的故事。

（1）《鲁班学艺》。

鲁班从小聪敏好学、尊老爱幼、乐于助人，街坊邻居都很喜欢他。他见什么学什么，学什么会什么。十来岁时，木工的各种“家把什”，他就都会拿过来使用了。鲁班到了学活的时候，父亲让他去终南山拜师学艺。

鲁班离家打马扬鞭，走了三千里路，迎面是一座万丈高山，山道弯弯，坡陡路险。这时一阵山歌传来，巨石上站着一个白发苍苍、满面红光的樵夫。鲁班上前深施一礼：“老大爷，此去终南山还有多少路程？”老樵夫一捋银须答道：“直去六千里，弯走一万八，要寻便道去，须把此山爬。”鲁班问：“要爬多少天？”“那就看谁爬了，一年半载爬到半山腰又半途而废的多了。”老樵夫说。“老大爷，请放心，我一年爬不过去，爬两年；两年爬不过去，爬三年；爬不到极顶，我死也不下山！”鲁班说。老樵夫听了说：“年轻人，好样的！拿上我这把削荆排石镰，赶路吧！”

鲁班翻过这座山继续向前赶路，又跨马飞奔了三千里路程，只见大道尽头横卧着一道黑水，浊浪滚滚。正在鲁班勒马止步之时，飞流直下一只小小竹排，竹排上站着一位年轻的渔夫。鲁班上前深施一礼说：“大哥，此去终南山还有多远？”渔夫沉思片刻答道：“直去三千里，绕弯五千八，想抄近道走，须把黑水跨。”鲁班说：“大哥，能否助我一臂之力，将我渡过河去？”渔夫说：“水深河宽，不敢不敢，稍有差池，人命关天。”鲁班说：“我不怕水深不见底，不怕河宽到天边，万里投师为学艺，葬身鱼腹也心甘。”渔夫感动地说：

“难得小兄弟如此壮志，请牵马上船！”

过河后，鲁班继续骑马赶路。十日过后，只见眼前乱云飞渡、重峦叠嶂。鲁班自言自语道：“这回可到终南山了。”放眼四望，他又陷入了迷惘：这千山万壑、曲径条条，到底从哪里上呢？这时丛林里走出一位老奶奶。鲁班上前深施一礼：“老奶奶，这里可是终南山？”老奶奶笑了：“终南山，进山难，三百个山头三百眼泉，三百个神明下了凡，不知你投拜哪路仙？”鲁班急忙回答说投奔木匠祖师。老奶奶说：“九百九十九条道，不偏不倚走中间。”鲁班躬身正要道谢，老奶奶却不见了。照着老奶奶的指点，他左数四百九十九条道，右数四百九十九条道，打马登上了正中间的那一条。到了山顶，果然有石墙、石瓦、石门、石窗的三间石屋。

石屋的石板地上，横七竖八地放着石斧、石凿。石板床上，一白发老翁在睡大觉。鲁班悄悄地把一地“家把什”摆放得整整齐齐，屋里屋外打扫得干干净净，然后规规矩矩地坐在一旁石凳上恭候祖师醒来。祖师光翻身不睁眼。鲁班从日头东等到日当顶，从日当顶等到日头西。直到太阳快下山了，祖师才起身。鲁班急忙上前伏地而跪：“师父，徒儿鲁班投奔门下学艺来了。”祖师抬了抬眼皮，“嗯”了一声，半天才发话：“大江北，三间房，几根柁木几架梁？”鲁班答：“坐北朝南三间堂，三段脊柁两架梁，大小檩子二十整，百根椽子半朝阳。”祖师问道：“你怎么知道的？”“我五岁的时候就数过。”鲁班答。

祖师又问：“二人同学一个活，一个仨月学完走，一个三年还想学。仨月三年怎么说？”“仨月学的是眼活，三年学的是心活。”祖师又问：“一师教两徒，一人一把斧，一个靠斧挣金山，一个架桥又铺路。你学哪个？”鲁班答：“架桥铺路。”祖师乐了：“好小子，跟我来！”鲁班跟进山洞，看见地上全是楼宇殿阁、寺庙塔桥和杈耙犁耧、桌椅箱笼等各式各样的模型。鲁班都惊呆了，祖师说：“你把它们一件件地拆下安上、安上拆下。”鲁班拆了安，安了拆，守着模型吃，搂着模型睡。他就这样整整学了三年。祖师让鲁班蒙上眼睛将所有模型仿做一遍，结果做得和原来的一模一样、分毫不差。祖师哈哈大笑：“我的好徒儿，你丢不了师父的脸了，可以下山去了。”鲁班含泪拜别祖师下山。回来的路上，他怎么也找不到指路的老奶奶、渡河的渔夫大哥和赠开山镰的老樵夫了。鲁班感念他们，晚年重走万里拜师路时在终南山下造了一座感恩塔。

《鲁班学艺》记述了年轻的鲁班拜别父母，千里迢迢、历尽艰辛到终南山拜师学艺，并经过不断的努力最终获得成功的故事。这个故事里有几点是非常值得我们借鉴学习的：一是要学习鲁班那种不怕困难、坚持不懈的精神；二是要学习鲁班全神贯注、废寝忘食、刻苦努力的学习态度；三是要学习鲁班谦恭好学、虚心求教、乐于助人的优良品质。鲁班学艺的故事告诉我们：在学习和生活中要想成功，必须经过自己努力，要不畏困难、坚持不懈。

（2）《齿草化锯》。

鲁班学艺归来，正赶上滕、薛、郳三个小国争相筑城建阙，大兴土木。他的父亲是位老木匠，本领高、人缘好，一手接了三个国君的聘帖，担任总领工。父亲正愁活多人少忙不过来，因此鲁班一进家门便被父亲派往莲青山带人伐木供料。

那时还没有锯，凡是砍伐截劈之类的活一律使用斧子。鲁班和他的伙伴们吃住在深山，从早砍到晚，一天也撂不倒几棵大树。人都快累趴下了，木料还是供应不上。一天，鲁班收工下山时，突然感到腿肚子被什么东西划了一下，低头仔细一看，原来是被“齿茅草”拉出了血道子。那草叶两边都是一个挨一个的利齿。鲁班想掐下那片草叶，不料一伸手又被拉了一下，缩手一看是只刀螂，两只举起的大爪子上竟也是一个挨一个的利齿。鲁班到家找了一块竹片，仿照茅草叶和刀螂爪的样子砍出整整齐齐的一行“牙齿”，朝树上来回一拉，树皮上出现了一道深沟。他略一沉思，直奔李铁匠家，二话没说，拉着李铁匠长满老茧的手就用那带齿的竹片“哧哧”拉了两下子，出了一道白印。李铁匠不解，鲁班又拉了两下，差点拉出血来。李铁匠恍然大悟，弯腰捡了一块铁放进炉里。炉火熊熊，锤声叮当。二人你一锤我一锤，不到一袋烟的工夫就敲打出了一个带齿的铁叶子。这铁叶子，就成了世界上第一根锯条。

锯，原来叫“铁齿茅草”。为了好用，鲁班加了个木框，将铁齿片拉直绷紧，成了一个人能拉、两个人能拽的伐木解板、省工节料的“木工之宝”。因为“锯”与“聚”谐音，即使不当木匠的人，居家过日子，也都置一把锯子挂在家里，图个吉利。

《齿草化锯》这则故事告诉我们：世上无难事，只怕有心人。伟大的发明和创造都来自对生活的观察和思考。细致的观察，丰富的想象，勇于探索和严谨实践，是创造力的源泉。要善于观察生活中的点点滴滴，一件小事、一次经历都可能是人生的一笔宝贵财富。

此外，民间还广泛流传着一系列关于鲁班帮助从业者解决困难的传说。如《中国民间故事集成》中收录了一则《鲁班师祖与关岳庙》的故事：明嘉靖年间北京昌平县修建关岳庙，工匠为了赶工期误将前殿两根迎门明柱锯短了一尺。众工匠正在一筹莫展的时候，一个老翁出现了，指点他们说:“你们可将长柱前移、短木后置，下垫石鼓。”众人茅塞顿开，正欲拜谢的时候却见老翁脚踏祥云离去了。这时众人才反应过来是祖师爷鲁班前来点化他们。这些关于鲁班守护工匠的传说，反映了工匠的崇拜心理。由于鲁班是特定行业的祖师神，民间关于鲁班的传说大多事理性较强、工艺色彩浓厚。

明清以来，随着手工业的发展，手工业者成为社会中日益壮大的群体，相应地，手工业行会纷纷成立。在这样的背景下，行业的自我意识开始形成，行会需要为群体自身的凝聚与发展创造条件。具体到某个行业上，则有专门的行业祖师神圣。在木作行业内，鲁班崇拜与社会组织结合，建有固定的活动场所，形成了鲁班的信仰和祭祀体系，如北京精忠庙、东岳庙都建有鲁班殿，正阳门外建有鲁班馆。

鲁班信仰成为同业公会等组织形成的基础，鲁班的民间传说对普通民众和个体工匠有道德教化作用，鲁班信仰为行业的组织和管理提供了基础。如规定木匠工作的价钱和条件、木匠收学徒的条件、学徒的年限等。这些规定对行业都有一定的约束作用，保证工匠合法权益的同时也促进了行业健康、平稳发展。①

1.2.4 工具信仰

工具是行业的象征，木作行业的工具崇拜是我国器物崇拜思想的一种表现形式。古代文献与传说中，常将先民的发明归结为祖先神明或工匠圣贤的创造，这种情况在木作行业中尤其明显，从中可以看出在人类发展史上工具的重要地位。民间还有将二十八星宿与木工工具一一对应的说法，在这里，工具已经超出了其本来的实用意义，被赋予了更多的神性和职能。古人有“设规矩、陈绳墨”的说法，实际上也是用木作行业的规范要求来比喻社会准则；及至后来在庙内供奉的鲁班像左右有两个门徒像，分别持曲尺和墨斗。这时的工具就成为“神圣事物”，其所蕴含的品性和力量逐步成为行业信仰的组成部分。

木作工具在祭祀、生产仪式中被用以象征祖师爷鲁班，并出现了种种与工具崇拜相关的仪式或神话传说。在壁画、年画中也有不少关于木作工具的图像描绘。在这些图像里，曲尺、墨斗、斧、锯、刨等劳动工具都成为崇拜对象，如陕西绥德县郭家沟的三官庙壁画中，诸神当中鲁班面长重瞳，曲尺就是其使用的法器。

木作工具的信仰，首先出自木作从业者对行业祖师护佑的理解与应用，并流行于木作团体及其成员中；而木作工具是各地区常见、常接触的事物，与民众的生活密切相关，因此原本属于工匠群体的信仰意识容易为广大民众所熟悉和认可。

墨斗由赭绳发展而来，赭绳为古代工匠画线的工具。如果说创立之初的准绳与规矩一样具有原始礼仪巫术活动的色彩，那么从准绳到墨斗的演变则体现了工具从神秘化走向世俗化的过程。墨斗是木工随身携带的工具，墨斗还是木工工具中唯一具有装饰性、能够体现主人个性的工具。

狮子墨斗

鱼形墨斗

墨斗被视为鲁班的化身，基于对行业神鲁班的信仰和崇拜，木作行业内部将之奉若神明，于是墨斗便逐渐演化为民间工匠用来驱邪降妖的“法器”。在后来的发展过程中，墨

① 王中 . 鲁班的传说 [M]. 济南：齐鲁书社，2008.

斗的这种神秘功能为道士所用，成为一种专门的法器。实际上，这是工具崇拜进一步向社会传播的表现。

1.2.5 文化寓意

中国传统艺术重视载道、表意。传统木作并不仅是单纯的物质实体或装饰符号，结构作为其构成的因子，可以视为文化脉络或系统中的符号，并以此为载体赋予传递意义及象征意涵的功能。

在外观表面下，木作在制作、使用过程中融入人们普遍认同的社会准则，有些已经成为标准的范式，本质上是通过“物”进行经验与情感的联络，暗喻文化设计中隐性的形而上精神，通常都具有指示意义并塑造出特殊的文化形态现象。如明式家具中最简洁的四面平结构，其器型蕴含宋明以来的理性精神；再如圈椅上圆下方及裹腿圆包圆、脚杺外圆内方等形制，都充分体现了天圆地方、外圆内方等传统哲学思想。

大木作建筑中体现了鲜明的等级制度，是儒家思想强调的“礼”在社会生活中的重要表现。所谓“礼”，就是明确的秩序。也就是说，社会中的每个人都具有一定的社会地位，每个处于特定社会地位的人都必须遵守一套相应的行为准则。如果每个人都自觉遵守自己所应该遵守的行为准则，按照这套行为准则行事，那么整个社会就会像精良的机器一样运转顺畅。等级制度就是“礼”的一个方面，在这个制度中，给每个人一个相应的级别是这个制度得以顺利实施的前提条件。

在等级制度中，级别可以通过一个人的装束、服饰以及使用的车马、器物等一系列外在的物质显示出来，建筑是这一系列外在物质中的一个方面。由于建筑拥有巨大体量并能留存久远，因此备受青睐，成为体现主人社会地位的重要表现。

中国传统建筑中，大到城市小到建筑构件，无不体现着尺度所表现的等级差别。《周礼》中规定“王城方九里，侯伯城方五里，子男城方三里”，这就是城市尺度中所表现的等级差别。在台基高度的规定上，《大清会典事例》记载了清顺治十八年（1661 年）关于台基高度的规定：公侯以下三品以上官员的房屋台基高二尺，四品以下官员至士民房屋的台基高一尺。

在建筑本身的规格上也体现了明确的等级差别。《营造法式》中规定材分八等，不同的建筑采用不同的“材”。其中一等材用于殿身九间至十一间的建筑，二等材用于殿身五间至七间的建筑，三等材用于殿身三间至五间或者厅堂七间的建筑，四等材用于殿身三间或厅堂五间的建筑，五等材用于小三间殿或大三间堂的建筑，六等材用于亭榭或小厅堂，七等材用于小殿及亭榭，八等材用于殿内藻井或小亭榭。由于中国传统建筑特有的模数制，只要选定了“材”，整座建筑所有的尺寸都能确定下来。清代采用“斗口”作为建筑的模数，建筑用材分为十一等，用于不同等级的建筑。

色彩也是区分建筑等级的重要标志之一。周制规定：天子丹、诸侯黝、大夫苍。当时以红色最为尊贵，只能天子使用。在建筑的屋顶色彩上，也能够看到鲜明的色彩等级。最高等级的建筑采用黄色琉璃瓦屋顶，等级稍逊的建筑采用绿色琉璃瓦屋顶，再次则采用黑色琉璃瓦屋顶，再往下则不能采用琉璃瓦而只能用普通陶瓦。中国古代屋顶中还有一种“剪边”的做法，即用另一种颜色的瓦布列于屋顶边缘，这种双色的屋顶级别介于其所用两种颜色之间，比如黄琉璃绿剪边的屋顶级别比黄琉璃屋顶低而比绿琉璃屋顶高。

传统家具结构多受建筑的影响，有些构件由建筑构件缩微而来，如云纹牙头，这一类型属于图像层次；民间匠师多以较形象的名称命名结构部件，将吉祥的意念以谐音的方式转换为具体的结构造型，比如明式官帽椅中最典型的搭脑有骆驼背式、蝙蝠式等多种形式。这些名称具有某一方面抽象化了的特征，自然存在着艺术技巧与观念，也表现了民间技艺的传承。

本章小结

主要内容

本章内容是对传统木作的整体介绍，涵盖了传统木作的起源、木作的分类及木作文化。我们学习了大木作和小木作的相关知识，了解了木作文化中的传统习俗及有趣的民间故事。这对我们深入了解传统木作、深入学习中国传统文化有着十分重要的作用。

重点难点

1. 大木作的分类及表现形式。
2. 小木作的分类及表现形式。
3. 木作文化的表现形式。

任务模块

思考任务

1. 传统木作的分类及表现形式有哪些？

2. 鲁班的故事给了我们哪些启示？请举例说明。

拓展任务

1. 根据传统木作的分类，收集并整理大木作、小木作的图片各 30 张。
2. 观察生活中有关传统木作的应用，并举例说明。

设计任务

测绘圈椅，并观察零部件之间接口的处理。

章节资源

1. 薛坤 . 传统家具榫卯结构研究 [M]. 北京：中国林业出版社，2018.
2. 王世襄 . 明式家具研究 [M]. 北京：生活 · 读书 · 新知三联书店，2008.
3. 杨耀 . 明式家具研究 [M]. 北京：中国建筑工业出版社，1986.
4. 王世襄 . 明式家具珍赏 [M]. 北京：文物出版社，2003.
5. 潘谷西，何建中 .《营造法式》解读：修订版 [M]. 南京：东南大学出版社，2017.
6. 王中 . 鲁班的传说 [M]. 济南：齐鲁书社，2008.
7. 呼志强 . 中国手工艺文化 [M]. 北京：时事出版社，2007.

2. 现代手造

Modern Handcraft

2.1 现代手造与应用

2.1.1 现代手造概述

2.1.1.1 现代手造的概念

手造是指手工技艺、手工艺，即以手工制作为主的产品。现代手造，是指依托传统工艺，通过创意新造，借助现代材料与设备，创作出的符合现代社会需求，体现中国传统文化内涵，满足现代大众个性化、品质化、情感化需求的手造产品。从“手艺”到“手造”，虽然只有一字之变，但意义深远。传统手艺更注重技艺，强调技艺的精湛、家族的传承；现代手造更注重创造，制作的形式不拘泥于传统手艺，传承的方式更为灵活，表现形式更为多样。

民间工艺不仅需要传承人的传承与创新，更需要大众的普遍认知，从而在现代生活中拥有更广阔的市场空间。现代手造的价值在于传承的力量。现代手造在传统工艺与现代生活之间建立契合点，赋予传统技艺新的功能和展示形式，在不断发展中传承，在传承中不断创新。

2021 年 9 月 16 日，第二届中国国际文化旅游博览会在山东国际会展中心举行，重点打造“山东手造”精品展。“山东手造”是文旅博览会推出的全新山东文化创意品牌，展会设置了“山东手造”精品展区和“手造集市”展示体验区。其中“山东手造”精品展区按照品牌化、产业化、国际化等标准，筛选了省内一批优质企业参展，集中展示全省 16 市的手工制造产品；“手造集市”展示体验区则集中展示了山东工艺美术学院师生创作的手造作品，展现了以创意设计助力“山东手造”产业高质量发展的特色举措和产教融合新亮点。这次活动是顺应时代需求，积极探索中华优秀传统文化融入现代设计的一次生动实践。

第二届中国国际文化旅游博览会

2021 年 12 月 25 日，第七届上海国际手造博览会首次线上举办，博览会主题为“云端手造，温情蜜意”，分为“数字地图”和“云端展厅”两部分。“数字地图”采用中国虚拟山脉地图呈现中国内地 31 个省、自治区、直辖市的传统工艺精品力作和非遗文创产品；“云端展厅”采用沉浸式展厅带观众云游手造体验空间，观看非遗美育课程，呈现全国非遗、非遗美育、设计品牌、国际手工等板块内容。博览会在长达半个月的时间中，让大众感受非遗文化的魅力。这次国际手造博览会，运用互联网进行线上推广与展览，借助现代科技辅助手造进行线上展示，将新科技、新材料、新形式应用到现代手造的设计与推广上，这将是传统手工艺在未来发展的主要趋势。

2.1.1.2　现代手造的特点

现代手造是以当代的审美为基础进行的再创作，可以说是对传统手工技艺的现代演绎。手造作品更符合现代人的审美习惯和使用需求，是服务于现代生活的手工制品。

现代手造是传统工艺的延伸。相比机器制造出来的商品，传统手工艺人制作的物品更具有灵性和个性。现代手造是中国传统工艺的延续与发展，将传统工艺中最精华的部分用现代的方式呈现在大众面前。用现代的科技简化工艺难度，提高工作效率，改良制作工艺，让传统工艺在社会的发展中不断传承与创新。

现代手造具有简单化、趣味性、体验性等特点。可以将传统工艺在制作材料、工具、工序上进行简化，做成半成品或制作模板，增加手造品的参与性和趣味性。现代手造最大的特点就是体验性，可以让传统工艺爱好者甚至儿童无障碍地参与和体验手造的制作过程，感受手工制作的乐趣与成就感，体验传统技艺的魅力。

在现代手造中，工匠的职责正在发生变化，他们不仅是制作者，还是工艺的设计者和传播者。工匠需要将工艺梳理、设计成方便大众制作的简化版技艺，需要指导爱好者熟悉传统技艺并能够制作出手工器物。这与传统师傅带徒弟的模式不太一样。现代手造的受众人群以爱好者为主，他们制作的目的在于兴趣而不是生活技能所需，并不需要掌握全部工艺，只是参与、体验，所以需要体验式的制作过程。工匠在整个过程中发挥导师的职能，辅助、引导参与者制作成品，采用启蒙式教学。爱好者可以参与设计与制作，这样有利于推动传统技艺的普及与发展。

现代手造注重设计与创新，在制作上更注重细节和功能。随着现代手造制作人群的不断壮大，更多的爱好者加入手造的制作与设计中，其中不乏动手能力强的设计师和艺术家。跨界的设计与合作，会带来更多的创意和灵感，赋予现代手造更多的表现形式。

2.1.1.3　现代手造的意义

手造的价值，来自传统的底蕴。习近平总书记指出要“推动中华优秀传统文化创造性转化、创新性发展”①。现代手造正是在结合时代需求的同时对传统手艺的继承与创新，将中华优秀传统文化蕴含的思想观念、人文精神融入其中。现代手造的推广与应用，有助于传承中国传统技艺、弘扬中国传统文化，更有助于提升民族自信心、增强民族自豪感。春秋时期工匠鲁班发明的榫卯工艺一直沿用至今，并传播到世界各地。可见，优秀的传统技艺对中国传统文化的传承与发展有着十分重要的意义。截至目前，国务院共公布五批国家级项目名录，国家级非物质文化遗产代表性项目共计 1 500 多个。中国拥有联合国教科文组织认定的“人类非物质文化遗产代表作名录”项目 42 个。面对如此丰富的文化宝藏，我们不仅需要做好保护和传承，更应该做好挖掘和利用，让更多的人更好地感受到中国传统技艺的魅力。

传统与时尚的碰撞，会带来更多的机遇与挑战。民间传统手工艺创新发展，是推动乡村经济转型发展的动力源泉和重要内容。现代手造有利于传统文化在当代社会的推广，有利于提升区域的文化形象。我国各地政府十分关注传统工艺的传承与创新，全国的非遗活动更助推了传统工艺的传承与发展。在 2022 年初，山东省委宣传部推出了《“山东手造”推进工程实施方案》，借助地区丰厚的文化资源优势，培育手造产业，打造“山东手造”传统手工艺品牌，推动文化创意产业的高质量发展。现代手造的创作及表现形式具有很强的识别性，与当地旅游产业资源结合，可以赋予其更多的文化底蕴，提高大众的接受度，使参观者产生情感共鸣，增加旅游景点的附加值。在信息化时代，现代手造更要借助互联网推广，借助现代传媒方式推广，讲好传统工艺的新故事，展示传统工艺的新形象。

中国传统手工艺不仅是一门古老的手艺，更是传承千年的生活美学。推动手造的发展是满足人们美好生活需求、推动产业振兴的必然选择。现代手造的创新发展将带动地区文

① 习近平 . 把中国文明历史研究引向深入，增强历史自觉坚定文化自信 . 求是，2022（14）.

化产业的发展，增加地方就业。

2022 年山东工艺美术学院毕业设计展作品

2.1.2 现代手造的应用

现代手造用现代的审美和表现方式来诠释传统手工技艺，是对传统技艺的传承与发展。现代手造是以手工制作为基础，以传统工艺为核心，展现传统手工艺创作的新形态，主要包含书画、绘制、织造、印染、雕刻、编织、扎制、烧制、锻造等门类。现代手造主要应用在生活用品、儿童玩具、纪念产品和室内陈设四个方面。

2.1.2.1 生活用品

生活用品类的现代手造以实用性为主。传统工艺服务于人们日常生活的方方面面，现代手造制品也延续了这一基本功能属性。葫芦与“福禄”谐音，在中国百姓眼里葫芦是吉祥的象征，同时葫芦又可以作为容器使用。作品《葫芦茶盘》，以葫芦为主体造型，将茶文化与葫芦的容器功能相结合。茶盘下面的腿足选用几个小葫芦作为支撑，与上面的大葫芦造型相呼应，显得异常可爱，十分精致。

葫芦茶盘（作者：孙希洲）

提到鲁班锁，大家都不陌生，它是广泛流传于中国民间的益智类玩具。鲁班锁的种类有很多，虽然内部结构各不相同，但都是采用传统木作中的榫卯结构，部件内部之间拼插相扣，易拆难装，十分巧妙。它有利于开发大脑、灵活手指，是一种很好玩的木质玩具。

这款鲁班凳借鉴鲁班锁的结构原理，选用了最具代表性的“六子联芳”形式作为基础造型。考虑到凳子的稳定性，在外观上还结合了四羊方尊的造型，形态稳重大方。鲁班凳保留了玩具的属性特征，内部采用榫卯相扣的结构，所有部件均可拆装，实用性与趣味性并存，既是家具，又是玩具。

鲁班凳（设计：薛坤）

鲁班桌（设计：薛坤）

2.1.2.2 儿童玩具

儿童玩具是具有趣味性的现代手造，是现代手造制作的一个重要表现方式。将中国传统文化中的历史传说、民俗故事等内容融入儿童玩具中，不仅可以培养儿童动手、动脑的能力，还可以丰富他们的精神世界，这是中国传统文化传承的重要表现形式。现代手造玩具可以将文化性、趣味性、参与性等很好地融入其中，具有很强的传统工艺属性，既可以寓教于乐，又可以传承民族技艺。

榫卯组装玩具属于拼装益智类玩具，通过几种标准插接件，借助传统榫卯插接方式，可以进行任意的组装、拼接，探索丰富、多样的组装效果，从而培养儿童的想象力。

榫卯组装玩具（设计：郝立岩）

兔儿爷属于节令玩具，源于中国传统祭拜月神的活动，在北京、济南等北方地区特别流行。传说兔儿爷是月宫中捣药的神仙，曾下凡救助过遭受瘟疫的百姓。因此，旧时每逢中秋，百姓家中便会请一尊兔儿爷供奉，祈求一年无病无灾。中秋节过后，它就成为孩子们的玩具。除了兔儿爷本尊，它的坐骑也各有来头，不同的坐骑有不同的吉祥含义：瑞虎能“驱邪”，大象寓意“吉祥如意”，葫芦与“福禄”谐音，麒麟代表“麒麟送子”。

兔儿爷泥塑（设计品牌：吉兔坊）

传统的兔儿爷主要为泥塑，很容易损坏。布偶兔儿爷以布艺的形式重塑其身，选用传统的手工刺绣，点缀各色彩珠。与传统的泥塑兔儿爷相比，它的细节更加丰富耐看，且不易损坏、易于保存、便于携带。

这套兔儿爷创意布偶有四款，每款兔儿爷配以不同的坐骑，有着丰富的吉祥寓意。布偶内部填充了不同的干花，结合布偶的特点配以不同的花语，让兔儿爷的形象更为生动有趣。每款兔儿爷与坐骑之间都有一对暗扣，拆下后可单独随挂绳佩戴，也可与其他坐骑相互组合，形成多种组合样式。布偶的包装盒设计十分巧妙：采用四款兔儿爷的故事，手绘四个不同的场景印制在包装盒内，将场景图案按说明取下可插在外包装盒上组成一个完整的故事场景。同时配有故事卡片，孩子可以边讲边玩，是一款互动性很强的益智手造玩具。

兔儿爷创意布偶礼盒（设计品牌：王的手创）

2.1.2.3 纪念产品

纪念产品是具有识别性的现代手造。结合旅游景点、重大节日、特殊纪念日等特定条件，可以制作具有纪念意义的手造制品。这类手造品一般会借助一些设计要素来区别普通的手造品，具有很强的识别性。

周广胜木梳为红旗 4S 店定制的纪念品，外形直接借用了红旗汽车的造型。从产品背面可看到，在汽车的造型内放置了一把梳子，梳齿与汽车的造型融为一体，有很强的装饰效果，从上面可将梳子拿出，又使这款纪念品具有了实用功能。

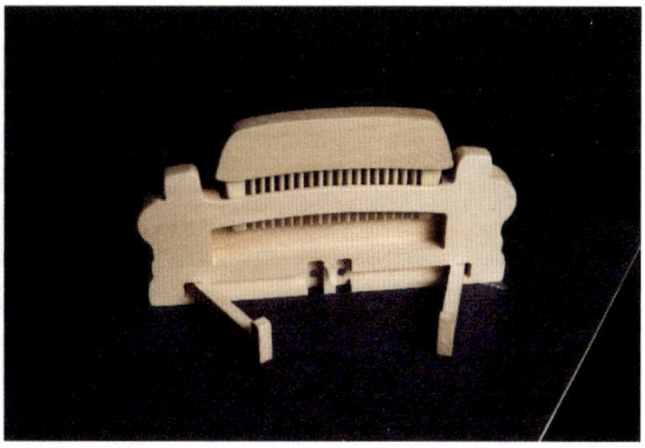

红旗 4S 店定制：旗开得胜（设计品牌：周广胜木梳）

2.1.2.4 室内陈设

室内陈设是具有装饰性的现代手造。现代手造可以用于现代空间的陈设与点缀，为室内空间增添趣味性和装饰性。

这款由木墨品牌设计的《等风来》小风车是用木头做的，既是玩具又是摆件。风车采用分体式结构，可拆卸玩耍：上面的曲面扇叶是用数控加工出来的，厚实中带着轻盈，有两叶片、三叶片、四叶片可选择，比纸张更硬朗、比金属更温润、比塑料更环保。扇叶与手柄之间选用迷你轴承连接，以不锈钢丝杆紧密固定，孩子可以拿在手中把玩，迎风可转。底座以整木切割而成，选用小木房子的几何造型，站立稳定，可以作为室内的装饰摆件。

《等风来》小风车摆件（设计品牌：MUMO 木墨）

传统的面塑受材料限制较大，而软陶可以弥补材料上的不足，且颜色丰富、可塑性强，经过简单的高温处理即可定型。随着生活方式的变化，动漫周边、个人定制的软陶作品越来越受欢迎。制作时，可将人物进行卡通化处理。针对特定的人物、纪念日、重大节日和历史事件进行创作，制成装饰摆件，也具有很好的纪念意义。

定制软陶作品（作者：王芝）

2.2 现代手造与设计

2.2.1 设计要素

现代手造是在结合现代人审美需求的基础上，借用传统工艺的制作方法，创新设计出的符合现代人生活习惯的手造产品。在设计前，我们首先要了解现代手造的基本表现形式。任何形式的现代手造都是由造型、技法和材质三个基本设计要素组成的。

2.2.1.1 造型

造型是现代手造的核心要素，包括二维的图案、三维的形态和表面的色彩。这些是手造产品视觉上给人最直观的感受，带有很强的识别性，是设计过程中重要的设计元素。

二维的图案，是手造表面的装饰纹样，可以表现丰富的装饰内容及文化内涵。中国传统的吉祥纹样、现代各种风格的书画类作品、平面类的工艺品和设计作品都可以用于手造装饰。

三维的形态，是现代手造的最终造型，多是在标准几何形和有机仿生形基础上的再创作。很多形态是蕴含着深层次的文化象征和特定的寓意的，这将辅助设计者的创作。

表面的色彩，是调整视觉效果的最有效手段。色彩具有很强的识别性，一些特定的色彩搭配会形成特定的设计风格或地域特征。同时，改变色彩会形成作品的系列感，是创作系列作品的最有效的手段。

2.2.1.2 技法

技法即现代手造的制作技艺和制作方法。

制作技艺是指诸如书、画、刻、印、编、染、绣、烙等中国传统工艺，现代手造的制作就是在延续传统工艺的基础上进行创新。技法可以单独使用，也可将几种工艺技法结合应用以达到某种特定的效果。合理地选择和使用制作工艺，可以将传统工艺技法的特点发挥出来，让手造产品更具特色。

制作方法是指手工制作、机器加工，或是机器辅助手工制作。现代化机械设备的应用和辅助，大大提高了现代手造的制作效率，降低了加工难度。选取合适的制作形式和制作技法，有助于现代手造的快速推广。

2.2.1.3 材质

材质是手造创作的载体，即创作手造产品使用的具体材料。材料有着表面的质感和纹理，会带给人们不同的触感和心理感受。材质是手造设计的基本要素，不同的材质有不同的应用环境。材质的选择要和技法表现相呼应。不同材质的加工方法和加工工艺会有区别，在选择制作材料的时候要考虑手造产品的制作方式和制作工艺。

下面我们以杨家埠木版年画的门神为例，来看一下设计的基本要素在现代手造中的应用。

在民间，门神是正气和武力的象征。过年张贴门神有消灾去祸、祈福保平安的寓意，所以门神是传统年画最常用的表现题材。中国人素有在春节期间张贴年画的习俗。俗话说："有钱没钱，买画过年。"每逢年关到来，老百姓纷纷把"五谷丰登""年年有余"等充满喜庆吉祥题材的年画贴在门上、灶头、窗户上，不但充满年味，还承载着中国人对美好生活的无尽期盼。潍坊杨家埠木版年画同天津杨柳青木版年画、苏州桃花坞木版年画并称民间三大木版年画。杨家埠木版年画《门神》作品构图完整匀称，造型粗壮朴实，色彩浓郁艳丽，具有强烈的乡土气息和淳朴鲜明的艺术风格。年画最终的载体是纸，由于需要量化生产，所以选择了刻、印结合的方式，比起一张张手绘，其制作效率要高很多。

传统的木版年画是用成套的雕版手工印制出来的。杨家埠木版年画的制作分勾描、刻版、印刷三道工序：先将画稿勾出黑线稿，贴到刨平的梨木或棠木板上，雕刻出主线版；印出主线稿后，再根据不同的颜色刻出色版。

潍坊杨家埠木版年画：门神

潍坊杨家埠木版年画雕版：门神

系列作品《岁月留痕之年画记忆》借用了杨家埠木版年画中门神等经典造型，融合了现代岩彩绘画的艺术特点，既有现代艺术的创作手法，又能体现古老民间艺术之美，是民间年画与现代艺术的交融。

岩彩年画：《岁月留痕之年画记忆》系列作品（作者：杨志滨）

作品《帽筒门神》将门神的元素用在了帽筒上。帽筒的主体筒身是用葫芦做成的，选用烙画的技法，采用了比较写实的形式，将门神的形象生动地展现出来。烙画本身就具有很强的技法性，在葫芦上进行烙画更是有一定难度的，由于葫芦表面是弧形，与平面相比，非常考验制作者对整体形态的把控能力。

面塑作品由于材料本身的特点和优势，善于表现更多的细节，立体感强，表现人物形象生动、表情神态到位，具有很强的装饰性和表现力。

作品《杨家埠门神文创》源自杨家埠门神的基本造型，是对门神的再设计，运用现代设计的表现手法使门神的造型更具立体感、装饰性更强。传统年画的使用方式受到现代生活的限制与约束，将门神以陶瓷摆件的形式进行设计与创作，可以将传统文化延伸到现代生活中。由于受到材料及烧制条件的限制，以及基于加工方式、运输和保存等诸多方面的考虑，门神陶瓷摆件在造型上省略了装饰性的细节，提炼了门神的主要动势及特征，适合量化生产，同时也具有很强的识别性。

收藏摆件：帽筒门神（创作：李亚宁）

面塑：门神（作者：陈站刚）

杨家埠门神文创（设计：路鹏）

以门神为主题的剪纸作品，选用剪、刻的技法时需要考虑线与线的连接、面与线的对比。门神的瓷板画是剪纸作品的衍生品，将剪纸的造型直接印制在瓷板上，用另一种材质进行表现。它保留了剪纸的风格，更换了呈现的载体，具有更强的装饰性，也更容易保存。

剪纸作品：门神（作者：于元中）

年画瓷板：门神（作者：于元中）

作品《汉字门神》属于设计类平面作品，将汉字的笔画和门神的造型相结合，通过汉字笔画基本元素的打散重构，组合成门神的基本造型和形态，简练、夸张，动作、神态都表现得很到位。设计类作品多是借助电脑软件制作，具有数字化特征，可以在电子设备、网络平台上直接使用，也可以作为图案应用在产品的表面和包装上，使用方式更为灵活。

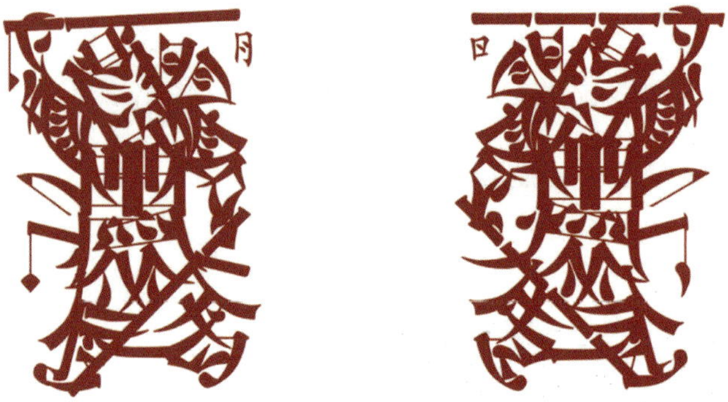

中国元素国际创意大赛文字类铜奖：汉字门神（作者：查九任）

2.2.2 设计方法

传统手工艺具有专业性，其传承具有一定的限定性，比如“传儿不传女”“师徒传承”，所以一般是以此为生的手艺人来从事某种技艺。现代手造也具有一定的专业性，但受众面更广，打破了传统传承的方式，所以发展十分迅速。

现代手造可以说是传统手工艺的传承与发展。这种传承有两种方式：一种是对传统手工艺的仿作，延续传统手工艺的做法，在造型上进行改变，有的简化、改进了传统手工艺的做法，让工艺制作成为体验式创作；另一种是发展与创新，很多有想法的爱好者，在原有工艺的基础上又添加了自己的创意和构思，让传统手工艺在现代生活里具备更多的价值，比如功能性、实用性、纪念性等，利用设计元素的提取和应用赋予现代手造更多的形态和使用方式，让传统手工艺以全新的形式展现在现代生活中。

设计元素的应用有直接应用和间接应用两种方式：直接应用是将归纳的设计元素直接应用到现代手造的设计中，只需要简单的重复或局部应用就可以；间接应用就需要进一步提取、整理设计元素，重新整合设计元素进行创意设计。

2.2.2.1 造型的设计

（1）提取元素。

提取元素通常有设计元素的借用、象征寓意的延用和文化元素的提取三种方式。

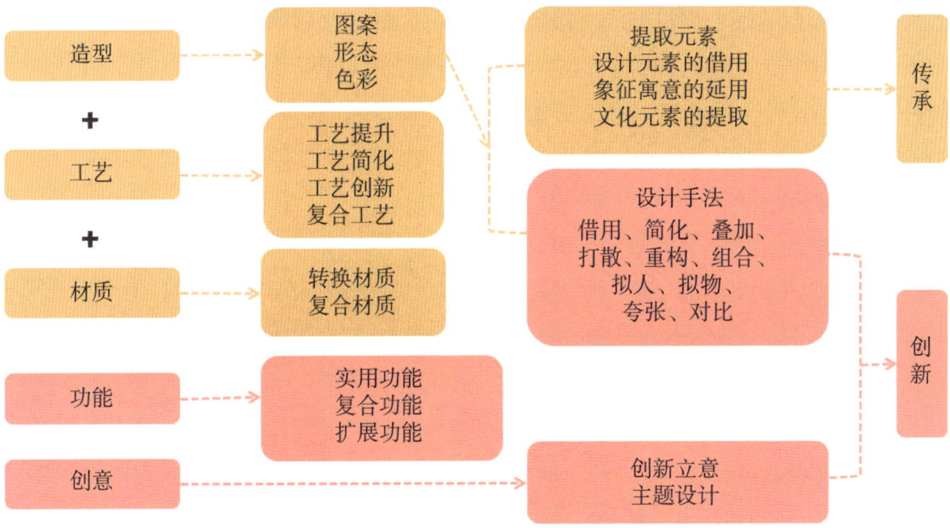

设计方法解析图

设计元素的借用是最常用的造型设计方式。任何形式的美都可以作为设计中的基本元素。设计元素可以明确作品所要表达的设计内涵，让作品具有识别性。一个造型的图案、形态、色彩是最基本的显性元素，可以给人最直观的视觉感受。将其归纳成元素符号，具有高度的辨识性。在创作时，根据设计构思可以采取保留原有功能和功能的转换来实现具体的应用方式。

象征寓意的延用是在大众文化基础上，关注受众的视觉习性和心理需求，满足人们趋利避害、幸福生活的心愿，用传统的吉祥寓意对受众进行善意的祝福，让人们从心理上产生愉悦感。

文化元素的提取，可提升作品的价值。设计元素的提取不局限于造型、纹饰等元素。通过解读地域文化、历史文脉，探究元素的象征意义，可以将具有代表性的文化元素融入作品中，激活文化属性，结合当代大众生活需求和时尚元素开发与原作形不同而神似的手造产品。这就需要对设计元素的内涵和意韵有深刻的理解与把握，还要有能力将这些内涵和意韵通过符号转换、创意表达的方式用于现代手造产品，让手造产品具有特定的文化属性，有利于人文精神在产品内涵中的转化，促进地域文化的传承与发展。

“去枝裁叶，素手拈花，嗅闻花香，放飞心情。”这把绿檀花影木梳造型古雅婉约，用的时候是一把梳子，不用的时候是一件木制艺术品。绿檀花影木梳将

绿檀花影木梳（设计品牌：周广胜木梳）

中国传统的雕刻技艺与木梳这种日用品很好地结合到一起，同时在木梳上雕刻了瓶插花。中国人祈求四季平安，“瓶”的谐音与此美好愿望正好契合。瓶插牡丹，即富贵平安之意。瓶中牡丹盛开，寓意吉祥富贵；瓶身还飘着丝带，寓意代代相传。

（2）应用元素。

设计元素在应用的过程中，会根据使用环境和创作主题有针对性地整合。设计元素的使用方法有直接应用和间接应用。

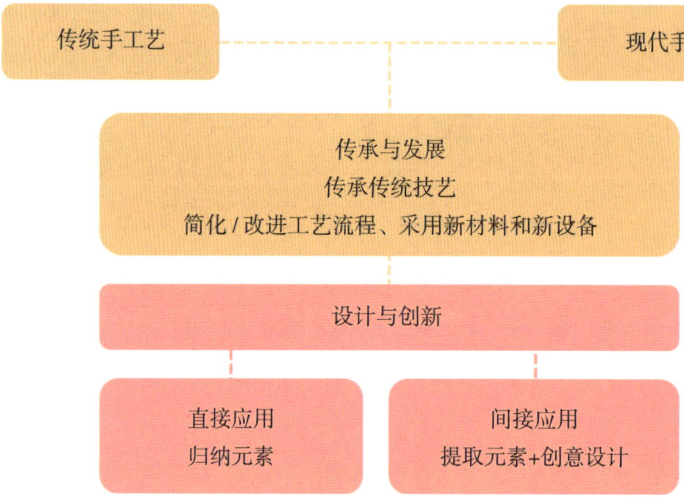

设计元素应用解析图

直接应用：多用于直接表现特定主题的设计中，常采用借用、简化、叠加等设计手法。直接应用将保留元素的主要特征，可识别性最强。当设计主题与要素结合得比较紧密时，可以选用直接应用的方式来设计构思。借用是指不改变元素基本造型的应用方法，将提取的元素直接用在手造作品中；简化是将元素提取主要特征，保留外形或色彩；叠加是通过改变方向、进行元素阵列和排序等方式来进一步设计、完善整体构图。

剪纸作品：海阳大秧歌（创作：王倩倩）

民俗剪纸抱枕（设计：种唯，成洁）

间接应用：多用于含蓄表现主题的设计中。这种设计方法会保留元素的部分特征，神似而非形似，改变元素基本造型，减少元素的主要特征，结合设计主题有意识地对元素进行设计创作。元素的间接应用，需要设计者对元素注入自己的创作构思，可借助打散、重构等方式将元素的基本造型和特征进行部分改变，降低元素的识别性，在这个基础上再进一步做具体的设计应用，比如色彩的搭配、材质的选择、构图的形式和细节上的处理。可以运用夸张、对比等设计手法，将元素的某种特征放大，增强某一特征的识别性，达到突出特点的目的；也可以运用拟人、拟物等方法赋予元素更多的特点，让元素在使用的过程中活起来，更具趣味性。

剪纸作品：诸事大吉（作者：樊于筝）

亥猪帆布包（设计：种唯，成洁）

2.2.2.2 工艺的选择

同一个造型用不同的工艺加工会有不同的视觉感受。现代手造要从消费者需求出发，挖掘消费者的需求，关注传统工艺创新的可能性，与新材料、新方法、新技术相结合，降低产品成本，提高产品质量，提升产品竞争力。新材料的出现和应用总是能够带给人们新的审美感受，从而带给现代手造新的灵感，为手造产品引入更多、更新、更有趣味性的元素。

现代手造在进行设计时，可以对传统工艺进行深度挖掘，融合新的技术手法，将工艺进行更新；也可以改变制作方法和工艺，换一种工艺进行制作和加工。

这组《齐风娃娃》系列作品的制作手法源自中国传统的面塑，造型上选用了京剧的设计元素，将京剧形象进行卡通化处理，人物特征明确，造型憨厚可爱；在材料上选用了更便捷的软陶材料，更有利于作品的定型与保存。

《齐风娃娃》系列作品（作者：王芝）

2.2.2.3 材质的搭配

纯粹单一的材料给人简洁明快的视觉感受，同时也会产生呆板枯燥的感觉。多种材料的合理正确混用能丰富造型和质感，使产品变得更加多样化、更加丰富。在设计和制作器物时应结合材料的优点，最大限度地体现其自身所具有的特色，做到在相结合的同时不失本色。

孙希洲老师的这两件作品将葫芦和大漆两种材料结合到了一起。葫芦本身的材质具有天然的朴素感，大漆的材料可调节多种色彩，用在葫芦内部不仅可以增加作品耐久性，同时大大提高了作品的观赏性。

漆器水盂（作者：孙希洲）

漆器扁舟（作者：孙希洲）

木材天然的质感给人温润、自然的亲和力，滴胶的通透性和颜色的多变性则给作品带来更多的表现形式。作品《风的华尔兹》和《海洋绿洲号》，借助滴胶刻画山川湖海、光影四季的景色，在这小小的戒指中给人无限的遐想。

《风的华尔兹》底部戒身由原产于非洲的萨佩莱木制作成山川的造型，戒指顶部由淡蓝色和白色树脂做成。白色树脂模拟自然风的效果，在蔚蓝的空中徘徊，就像风的华尔兹。

《海洋绿洲号》由蓝绿色树脂和少量的海藻制成。这两种材料的混合，就像在大地和海洋的交界处，山坡变成蓝绿色的潮汐，阳光穿过海面，像绚烂的海底世界，唯美而神秘。

滴胶戒指：风的华尔兹
（设计品牌：Secret Wood）

滴胶戒指：海洋绿洲号
（设计品牌：Secret Wood）

2.2.2.4 功能与应用

创新设计是体现在多维度的综合设计，不仅包括内容和形式上的创新，还包括功能的创新、新材料和新工艺的使用、跨界合作、营销模式的变化等多个方面。

功能创新是现代手造的重要环节。现代手造属于感性产品，具有实用功能的手造产品是连接产品与消费者情感的纽带，可以有效地调动消费者内心的情感，使消费者产生情感共鸣从而促进消费者的购买行为。根据手造产品的特点及应用环境，赋予其合适的功能属性，再进行创造性转化，可提升手造产品自身的价值。

作品“葫芦手串”用葫芦和玉石制成，葫芦上采用了烙画技法，精致的烙画工艺让手串更具观赏性和收藏性。作品“葫芦毛笔”的笔杆是用勒扎葫芦制成的，勒扎葫芦特殊的造型本身就具有观赏性，将勒扎葫芦和毛笔的功能结合又使其具有了实用功能。

葫芦手串（作者：李亚宁）

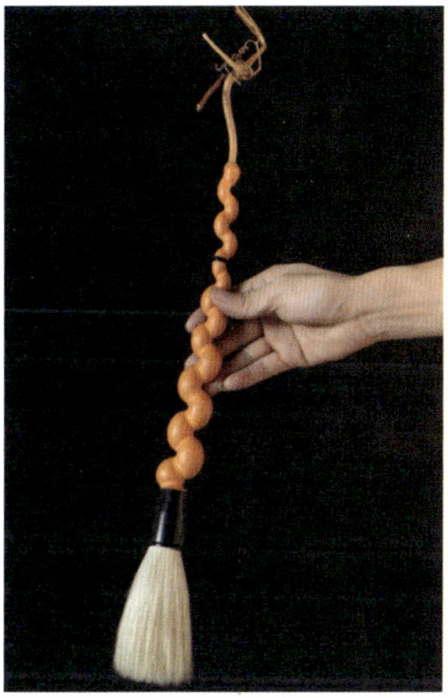

葫芦毛笔（作者：李亚宁）

2.2.2.5 创新与立意

创意让手造产品更具吸引力。这种创意体现在产品创新立意和主体设计上，特别是在使用的便捷性、舒适性等细节上更容易实现，是区分同类产品的核心因素，会让产品更具竞争力。

周广胜木梳为孔子博物馆定制的纪念品，选用经典故事“鲁壁藏书”为设计背景，外形直接借用了孔府鲁壁的造型，内部则用谐音将藏“书”改为藏“梳”。从产品的背面可以看到，在鲁壁内放置了一把梳子，梳齿半露在外，起到装饰的作用。从上面可将梳子拿出，又赋予了这款纪念品实用的功能。

鲁壁藏梳（设计品牌：周广胜木梳）

2.2.3 设计要点

2.2.3.1 文化性

现代手造产品设计越来越注重提升产品的人文价值及情感心理关怀，关注人的生活环境和生活方式，将精神情感和人文上升到更为重要的层面，让产品形式、功能、寓意等与文化、情感完美结合，唤起消费者的购买欲望。

文化具有生命力，每个历史时期都会有相应的文化思潮。在创作和设计手造产品时，可以将传统文化元素与当代人文情感相结合，挖掘现代人对手造产品的真实需求和情感期望，体现现代手造产品的文化属性。

明确主题，确定文化内涵、文化载体及受众人群，在此基础上展开设计，可以准确、有效地传达文化内涵，有利于后续展开系列化产品设计，用不同形态表达统一的文化理念。手造产品的推广展示也可以和产品文化打造相结合，增强消费者的购物体验。

2.2.3.2 体验性

产品的体验性是指产品的使用感受，是用户反馈信息的最直接的方式，在手造产品设计中占有十分重要的地位。用户体验是用户在使用产品过程中的纯主观感受，受用户的职业特点、生活环境的影响，会有很多不确定的因素。一个产品不可能满足所有用户的期望，但是可以通过对用户体验的分析来满足特定人群的需求，尽量满足大多数用户的期望，使多数用户获得良好的体验。产品体验包括对产品的造型、功能、交互等方面的体验，可以根据用户反馈的体验完善相应的产品设计。

用户体验一般包括视觉体验、使用体验和情感体验三个方面。视觉体验是用户对产品的第一印象，决定了是否会对产品进行进一步的了解。视觉体验一般是通过产品的外观、色彩、包装等外在形态进行感受，获得最直观的信息。使用体验是对产品进行进一步的了解，会在手感、听觉、使用方式上进一步体验和感受。通过前面两种体验和对产品背后的故事的了解，用户会获得情感上的体验，从心理上与产品产生共鸣，进而认可产品。

2.2.3.3 市场性

市场性是和市场需求相关的，可以通过开发新产品来挖掘市场潜在需求。现代手造的市场价值，通常和文创产品、旅游纪念品结合，通过产品的特点及品牌形象挖掘市场潜力，打造城市乃至国家品牌。现代手造与市场需求接轨，体现文化要素、地方特色，体现产品与当地文化的交流融合，具有传播文化的作用。现代手造不仅要面向国内的消费者，还要走向世界，对外推广中国文化与传统技艺。

适应市场需求、挖掘市场潜力、引领市场潮流，这是现代手造适应市场的表现。现代手造产品不能脱离市场闭门造车，而是要了解当前社会、所在地区的市场需求，有针对性地开发产品、进行产品的动态策划与调整，根据当前流行趋势与地方民俗风情进行设计与开发。另外，可以结合当前人们的生活方式，进行前瞻性的开发，创造出具有时尚性、功能性的新产品；通过新的手造产品的开发，刺激消费群体，挖掘市场潜力，开拓新市场。

当手造产品具有一定知名度、在局部地区达到一定的市场占有率后，就会对同类产品的市场流行趋势产生一定的影响。这时，手造产品的开发与定位要找到自己的特点和区分度，进行有前瞻性的设计与研发，对当前市场进行引导，引领市场潮流。

本章小结

主要内容

本章主要介绍了现代手造的应用与设计手法。通过对现代手造的概念梳理，从手造的特点及适用范围进行介绍，探寻传统工艺在现代设计领域的应用，并以案例的形式对现代手造的设计方法进行解析，深入浅出地探讨设计要素的应用方法；结合传统技艺的特点探讨手造在现代生活的应用与设计方式，让传统工艺能以更好的形式适应现代生活的需求。

重点难点

1. 现代手造设计要素的提取与应用。
2. 现代手造的设计方法与应用。

任务模块

思考任务

1. 现代手造的特点及意义有哪些?
2. 现代手造的设计要素有哪些?
3. 现代手造的设计方法有哪些?

拓展任务

1. 谈谈现代手造的应用范围并举例说明。
2. 你认为在设计中哪类设计要素最为重要? 为什么?
3. 列出你熟悉的传统工艺，并举例说明传统工艺在现代设计中应用的可行性及应用方式。

设计任务

结合自己家乡的特色工艺，对传统工艺进行创新设计，设计一件现代生活用品。

章节资源

1. 郭岚 . 文创产品设计及应用研究 [M]. 长春：吉林出版集团股份有限公司，2020.
2. 丁伟 . 文创设计新观 [M]. 北京：北京理工大学出版社，2018.
3. 陈博 . 文创设计与产品化 [M]. 天津：南开大学出版社，2021.
4. 刘林 . 基于用户体验的文创产品设计 [M]. 长春：吉林大学出版社，2023.
5. 许思豪 . 手工艺创意产业 [M]. 上海：东方出版中心，2009.
6. 田亚莲 . 民族文化与设计创意 [M]. 成都：西南交通大学出版社，2020.

3. 木作工艺

Woodworking Techniques

中国传统木作是中华民族古代技术和艺术文化的重要组成部分，尤其是传统榫卯工艺，凝聚着中华民族的智慧，被广泛运用在建筑和家具中。传统木作技艺是古老的传统手工技艺，在弘扬中国传统文化和民族工艺精神上具有重要的价值。传统木作和中华民族传统生活方式息息相关，大到传统建筑殿台楼阁，小到收纳的木匣木箱，无不体现出中国古代木工的高超技艺。

中国传统建筑和家具都是以木结构为主的体系。中国几千年的古代建筑，一直沿着木结构发展方向进行。因此，古代建筑的大木作结构以及精湛的小木作制造工艺对中国传统家具的制造产生了重大影响，改变了汉唐以来沿袭的箱体形和台座壶门式的家具结构和形体。可以说，家具的框架构造促进了榫卯工艺的快速发展，而日趋精湛的榫卯工艺也为框架家具提供了实现各种功能和形式的可能。至明清，框架家具和榫卯结构的应用趋于完善。我国传统古典木作家具尤其是明式家具在全球家具文化市场中享有盛誉。随着人们对古典木作家具研究的深入，其装饰与艺术特征的重要性愈发受到重视，并为现代家具设计提供了借鉴。中国的木作工艺是具有民族特色的完整体系，不仅体现了一种简单明确的有机结合，而且在合乎力学原理的同时兼顾了实用性和美观性。

3.1 传统木作制作流程

木作技术是古代木作文化研究的重要内容之一。技术和工艺息息相关，并多借由木作工具及口诀得以展示。如果说中国传统家具文化具有无与伦比的美学价值和广泛的社会认同，那么承载这种盛誉的必然是隐含在家具文化里的木作技术智慧。中国古代木作技术的发展并非一蹴而就的，而是通过不断探索、创新，凭借师徒传承的代代积累，才呈现出如今体系之丰富、内容之广泛的景象。在距今 7 000 多年前的河姆渡遗址中出土了大量“干栏式”建筑，这种既可防潮又可防野兽的“干栏式”建筑是我国南方传统建筑的始祖。其中尤其是榫卯技术的运用，充分说明中国传统木作文化底蕴之深厚。

古典家具的制作涉及很多重要的工序，如开料、选料、开榫做卯以及组装等，工序繁多且每一道工序又根据产品的加工要求进行了更为细致的分化，这些无不对木工匠人的技术提出了很高的要求。另外，工匠们在制作古典家具时也需要使用各种工具。凿子、刨子、铲子、墨斗等传统木工工具与木作材料、木作技术一起构成了一个不可分割的整体，是中国传统木作技术在物质层面上的集中体现。

3.1.1 木材挑选和准备

《周礼·考工记》中有言："天有时，地有气，材有美，工有巧，合此四者，然后可以为良。"即是说：天有寒温之时，地有刚柔之气，材质有优良的，工艺有精巧的，把这四个方面结合起来，人们就可以制作精良的器物。可见古人在制作家具的时候，除了注重工艺巧妙外，对材料的选择也非常看重。

传统木作中，挑选出合乎制作要求的木料是一件非常考验木作匠人的经验活。由于传统家具以木材为主材，不需要金属固定件，通常不会掺杂非木质材料，木材的质量对于一件乃至一套家具的影响非常大，因此不难理解传统木作匠人对于木料选择的苛刻要求。一般情况下，选木料时不仅要关注木材表面的完整性，还要注意避免选到内部有问题的木料。木材生长于大自然中，会因气候、动物、真菌、昆虫等而遭受各种各样的侵害，从而产生各式各样的缺陷。对于木材的利用而言，凡是呈现在木材上能降低其质量、影响其使用的各种缺点均是缺陷。了解木材缺陷，对于合理利用木材资源、确保用材安全以及产品质量具有重要意义。

挑选木料时首先要确定木材表面的完整性，通过观察来判断是否有蛀孔和较大较深的裂纹。昆虫或海生钻孔生物蛀蚀木材形成的孔道叫蛀孔。这种虫害在各种木材中都可能出现，主要对象是新采伐的木材、枯立木等，对立木也有侵害。不同的虫害给木材带来的危害是不同的，有的虫害仅侵害木材的表皮，对木质部影响不大，有的虽然侵入木质部但是虫孔不深，因而对加工利用影响小；但有的钻入木质部深处，使木材遭受很大破坏。木材纤维与纤维之间分离所形成的裂隙，叫开裂或裂纹。有的裂纹因为立木生长时期受环境或生长应力等因素而形成，如径裂、轮裂等。裂纹并不都在立木中形成，也会在木材干燥的过程中形成，如干裂。裂纹，尤其是贯通裂纹，破坏了木材的完整性，降低了木材的强度，影响木材的利用和装饰价值。在利用裂纹木材时，可以将裂纹适当地分散在不同原木上，尽可能减少裂纹的影响。木料内部出现的其他木材缺陷，比如内部腐朽、空心等，外观上不容易分辨，工匠可以用手或者其他敲击工具敲击木料表面，通过辨别木料发出的声音来识别内部是否有缺陷。

腐朽是指木材受到木腐菌的侵蚀后，不但颜色发生改变，而且其物理力学性质也发生改变，最后木材结构变得松软、易碎，呈筛孔状或粉末状等形态。按照腐朽类型和性质，分为白腐和褐腐。腐朽严重影响木材的物理力学性质，使木材质量减小，吸收性增强，强度和硬度降低。通常在褐腐后期，木材的强度基本丧失。一般情况下，完全丧失强度的腐

虫洞和裂纹缺陷

朽材，其使用价值也随之消失。心材腐朽是一种常见缺陷，尤其是根部心材腐朽，尽量作锯材原木使用。树干心材腐朽的，应将腐朽部分放，在一节原木上；若腐朽蔓延较长，在提高原木等级的前提下可灵活地放在两节或几节允许存在缺陷的原木上。在辨别上，内部有空心的木材，敲击表面听到的回响发闷不清脆。腐朽材也会因为材质的变形、密度的降低而使得敲击回声无力、发钝。

除以上外部影响而形成的木材缺陷外，木材的自然生长也会形成缺陷，节子即是此种情况。树干内部活枝条或枯死的枝条的基部，在用材中称为节子，是树木生长的正常生理现象，但在木材利用上被认为是一种主要缺陷。由树木的活枝条形成的与周围木材紧密连生、质地坚硬、构造正常的节子称为活节，而由树木枯死枝条形成的与周围木材大部分或全部脱离，质地坚硬或松弛，在板材中有时脱落形成空洞的节子称为死节。节子对木材质量的影响主要取决于节子类型、尺寸、密集程度、分布位置和木材的用途，一般活节影响小，死节次之，漏节影响最大。在古典家具中经常可以看到节子的存在，有些节子产生的纹理极具观赏性而被文人所追捧。

此外，挑选原木木料还要参照木材的直径、长度、种类、等级以及新老料情况，并在此基础上将原料分类。原木直径越大、长度越长，树种珍贵且缺陷少的，等级越高。对木料进行合理分类的好处：一是能够方便地找到所需尺寸和规格的木料；二是使开料的尺寸，比如长短、宽窄、厚薄等与原木尺寸相适应，做到“长料不锯短，宽料不锯窄”。明清以后，随着紫檀、花梨木等珍贵家具用材的供应紧缺，合理利用木料，做到节约材料显得尤为重要，如风格古朴的明式家具在做到造型大方、比例适中的同时，对于榫卯加工精准把握，框架结构主体用料经济合理，善于用小料拼装大零件。

原木木料内部通常含有大量的水分，湿木材是不适合直接用于家具制作的。如用没有经过干燥或者干燥不透的木材制作门窗、地板等，刚制成时好像还合格，可是经过一个时期随着木材的干缩就会出现开裂、变形的情况；对于家具而言，连接处的榫卯结构就会松脱。而木材干燥则可避免上述缺陷的产生。

木材干燥的方法很多。传统木作中，木材干燥主要使用的是“自然干燥法”，这种干燥方法的优点是省钱省力，但是处理时间比较漫长。过去在民间一直流传着“父辈做料儿孙用”，意思是说，父辈买来的木料，采用这种传统干燥的方式，需要几年甚至十多年后才能用来打家具。这是一个缓慢的水分交换过程，湿度大的生材逐渐向空气中释放水分并最终达到与周边环境相适宜的平衡含水率。为了加快自然干燥的速度，方法之一是增加干燥木料的表面积，传统木作匠人会使用大框锯，按需将原木分解成厚度 1 厘米、2 厘米、5 厘米不等的木板。板材应该堆放在坚固的堆基上。堆基要有一定的高度，保证材堆底部通风良好。各层板材之间用隔条隔开的材堆，宽度应在 4～4.5 米，以保证干燥程度均匀。对于尺寸较小或不易裂的硬阔叶材，如果数量不大，又需要在加工前较快地达到气干状态，可以使用 X 形堆积、三角形堆积、交搭堆积等方式进行堆垛。

自然干燥法处理木材的时间长短和干燥程度，是由木材自身特性和当地的气候条件决定的。木材从空气中吸收水分与向空气中蒸发水分的速率达到平衡，以及木材内里和外表的含水率达到均衡，此时木材即达到了“平衡含水率”。空气的温度、湿度对木材平衡含水率的数值，也就是对于木材经过充分气干后达到的终了含水率的数值有密切影响。在湿热的海口地区，多种木材的平衡含水率的年平均值为 17%～18%。在干寒的拉萨地区，平衡含水率的年平均值为 8%～9%。在北京，空气的温度、湿度比较适中，平衡含水率的年平均值为 11%～13%，这个数据可以代表黄河流域及以北地区。在温度、湿度较高的武汉，平衡含水率的年平均值为 14%～16%，这个数据可以代表长江流域及以南地区。关于各地区的平衡含水率情况可以参照国家发布的平衡含水率统计表。干燥处理可以较大程度地避免木材在使用过程中发生翘曲变形以及开裂，然而干燥过程耗时费力。在当今木材工业中，大多数情况下木作匠人是不需要亲自进行开料干燥的，可以从木材市场上或者木材加工厂购买已经干燥好的木料锯材，包括方材、板材等。因此如何挑选到合适的成品板材，是木作匠人最为关注的问题。

板材的挑选首先要遵循从好料到次料、从长料到短料、从宽料到窄料的顺序，先保证家具框架用料的长度、宽度，在此基础上再搭配短料、窄料。比如传统家具灯挂椅的制作，先要考虑椅子搭脑、靠背板、后腿、座面框架和座面面芯这些部件的用料问题。这些部件统一的特点是所需要的料大，所以要保证原料的长度、宽度，而横枨、前腿这些料小的部分可以放在后边来挑选。其次要注意木材的纹理。通常情况下，根据板材年轮切线与材面的夹角大小，将板材分为径切板和弦切板两种。两种板材材面上呈现出不同的纹理特征，弦切板的板面上呈现的是“V 型”或者是抛物线型的图案样式，而在径切板上表面纹理则是平直的。另外，根据木材干缩湿胀的各向异性，木材弦向干缩率是大于径向干缩率的，所以弦切板要比径切板更加容易发生变形开裂，且当弦向和径向干缩不一致时，弦切板容易发生扭曲。基于上述差异，在传统家具制作中，对于弦切板和径切板的选用形成了不同的倾向。柜门板、桌案芯板等传统上更倾向于选用弦切板，以突出木材优美的纹理曲直变化；而对于承受载荷的边框或者腿足这些部位，更加倾向于选择径切板。除此之外，还需要特别注意避免像节子、裂纹、腐朽这样的缺陷出现在承重部件上，因为缺陷会导致木材纹理方向的变异和力学强度降低。

合理的配料能充分体现材料的审美价值。传统家具多具有对称性的构图特征，选料时应整体审视各构件之间的关系，同时还要考虑两块相接面板的花纹是否对称、纹理走向是否一致等诸多因素。比如顶箱柜、书柜的柜门，桌、案、椅的面板等要求颜色、花纹一致，讲究同一根木头对开拼板甚至独板，因此木材在锯成板材后要按原来的层次叠放。尤其是门板用料时，开料后的板材必须原样叠放。材料径级较小，需要使用多根原木时，需要先用凿子剔开表皮以选择相近的颜色。传统家具尤其是明清时期考究的明式家具，在木料的挑选上还会关注家具外表颜色是否能达到一致。由木材特性可知，即使是同一树种，由于立地条件、树龄等个体差异也会使得木料颜色呈现微小差别。为了满足高档传统家具的严苛要求，许多讲究的传统家具在选料时有着“一木一器”的奢侈要求。即在材料的选择上，一个甚至一套家具的用材要求板材原料来源于同一根原木，这种方式能够最大限度地保证整体家具颜色的一致性。当然，现在实木家具的生产中很少再有如此苛刻的要求，但还是要尽可能选择同一产地同一批次木料以减少部件之间的色差。

3.1.2 部件制作与组装

家具是由不同功能和造型的零部件构成的，家具的制作工艺实际上是各零部件加工技艺的系统性集合。部件的加工精度、表面处理效果直接影响着最终家具产品是否能够按照设计思想完美呈现。中国传统家具木作技艺经过近千年的技术积累，已经形成了较为稳定的制作工序流程。传统手工家具制作是一项既消耗体力又讲究技艺的工作，对家具整体的结构稳定性、表面光洁度、拼版缝隙大小、整体造型的比例等都有严格的要求。

制作一件家具产品的工艺过程依次为毛料加工、榫卯加工、起线打圆及工件组装。除上述步骤以外，还可根据家具的造型情况在各步骤之间穿插找平、净光、雕刻等附加的工艺流程。

就一般工艺流程而言，首先是毛料加工。锯割完成后，工件的表面留有框锯锯割的痕迹，非常粗糙，需要对表面进行平直和光滑的加工。切削木材的主要器具有刨和锛，其作用是保证加工表面的平整性，并达到各构件的设计尺寸。在过去，锛一般用于原木大料两边放平，在大木作中应用较多，有“一锛顶三斧”之说。熟练掌握锛的用法需要一定的时间，民间有“千日的斧头，万日的锛，拉大锯不过一早晨”的说法，可见用好锛还是有一定难度的。锛本质上是一种砍削找平的工具，因此是达不到非常高的表面平整度的，即使是熟练的工匠也会留下凹陷起伏的波浪肌理。这种不平度对于大木作中尺寸较大的大构件而言完全是合乎技术要求的，但对于日常使用的家具则会显得过于粗糙。

小木作的家具制作中常用的平木工具是木工刨。传统木作中，从锯材修平到起线打圆再到开榫开槽，刨类工具应用广泛且种类繁多。其大体上可分两类：一类是专用于把粗糙表面修整为平滑平面的平推刨；另一类是用于起线造型、挖掘榫槽、曲面加工等的专用刨。

平推刨主要包括刨体、把手、刨刀、木楔四部分，可以通过切削的手段起到平直木料、规范材料尺寸、光洁材料表面的作用。刨体由稳定性好的硬质木料制成，如柞木、红木、檀木等，传统上截面多为“⌂”形，底面平整，两侧平直且垂直于底面。刨体尾部装把手，把手前方开出屑斗。从侧面看，出屑斗成“V”型贯穿底面，在底面形成宽度1～3mm的窄缝。出屑斗靠近尾部的斜面是刨刀的支撑面，其与底面的夹角即刨刀的切削角度。不同类型平推刨夹角为40°～50°。出屑斗后斜面向两侧剔凿出楔口用以嵌夹刨刀和木楔。出屑斗前方的斜面与底面垂直或略向前倾，以便木屑排出。刨刀是切削的核心部件，由硬度较高的钢材制成。刨刀是扁条形，顶部稍尖，居中位置开长条孔，规格以宽度进行划分，常用的有32mm、38mm、44mm、51mm，约以6mm作为一个进级。刨刀长度在180mm左右，不同刨种相差不大。刨刀厚度约3mm，且整个刀身均匀一致。根据刨削木质的软硬，刃口通常设置成三个角度区间，软质木材约20°，中等硬度木材25°～30°，硬木35°左右。大角度刃口强度高，易切削硬材。近现代平推刨的刨刀通常配合盖铁使用。盖铁的主要作用是拿戗，对提高加工表面平滑度效果显著。盖铁前部是刃口，中间钻有内螺纹螺丝孔，螺杆穿过刨刀中间的长孔拧紧盖铁，将盖铁和刨刀紧密贴合刃口对齐。横置木质把手是中式平推刨的显著特征，常见形状有直长条和弯牛角。把手的安置方式有两种：一是在刨体尾部靠中间位置开孔，把手贯穿固定；二是在刨体顶部刨刀后方位置开凿出企口卯，把手中部留出相应的榫头与卯咬合固定。

盖铁预安装之后，将刨刀推入刨体出屑斗楔口中，盖铁刃较刨刀刃口后退0.1～0.3mm。刨刀推入出屑斗，用锤子轻敲尾部，观察刨体底部窄缝，直至刨刀刃口平直漏出底面一线厚。根据木料长短、场地空间、操作者体型，刨削采用定步法、跨步法和活步法三种不同的移动方式。推刨过程中，食指和拇指交替发力，起步时刨体前部贴于木料表面，后部悬空，食指发力按压使刨身紧贴木料防止刨身“翘头”；刨削中段，食指及拇指同时发力按压使刨底全部落于木料之上；刨削后段，刨底前部悬空，后部贴于木料表面，此时拇指需发力按压以防止刨身“低头”造成木料端部过度刨削。

木工在刨削前应先辨别木材纹理和木材表里。顺纹方向易刨削，容易刨出连续的刨花。刨削表面时，由材梢向材根方向刨；刨削里面时，由材根向材梢方向刨。刨料之前，先要观察一下准备刨削的木材面上的凸凹程度，然后先刨削突出部分，使其大致平整后再按刨料线通长刨削。木工用眼力测定木料一般是先拿起料的端部，用右眼目测板平顶的近身一端到另一端，看是否平直；然后看平面的纵长线，两边线同合则材面平直、无翘曲。刨削一般按照先刨大平面，再刨相对面的顺序进行，平直的表面可以作为其他表面刨削时的加工基准面。刨削之后的毛料就完成了从毛料到净料的加工，可以进入下一工序，即榫卯加工。

开凿榫卯需要画线辅助。画线是用铅笔、角尺、木匠尺、大方尺、卷尺、斜尺、活动角尺、画线针、勒刀等木工画线工具，在已加工出的各零件净料上确定榫眼、榫头、槽口的具体位置，画出其大小、形状，并在榫眼及槽口位置标出榫眼及槽口的深度尺寸。木器行里常说“好眼不如拙线”，画线是硬木家具制作过程中非常重要的前期规划环节。

画好线的木料即可以开凿榫卯。榫卯的好坏从家具表面是看不出来的，只有打开之后才能发现其中的差别。榫卯的精细程度决定了家具接合部位的强度，如果榫卯接合不好，即使当时用胶水黏结牢固，时间久了也容易损坏。

榫头常使用小框锯配合木工凿来制作，锯切顺序是先锯榫颊再锯榫肩。锯榫肩时手指要盖在锯条上，膀子要落直，不能伤到榫头。凿榫眼的主要工具是凿。根据用途区分，凿有打凿和铲凿两种：打凿是用铁锤敲打头部，以助刃口深入木材，专为凿孔用；铲凿则专为铲平孔的侧面用。无论是锯还是凿，制作榫头都要按照画线的走线进行加工。传统技艺讲究线的去留，分为留整线、留半线和不留线，即锯割或开凿之后剩余部分上画线的存在与否。通过规划线的去留问题可以实现榫头与卯眼精确的间隙配合，实现组装的紧密。

为了使榫卯接合牢固，一些传统家具会使用“关门钉”。安装“关门钉”需开孔，开孔的主要工具是牵钻，它由把手、钻杆、拉杆和牵绳等组成。钻杆是用硬木制成的圆棒，上面套着能自由转动的把手，下面有装钻头的方孔；附有皮筋连着拉杆，以便牵转。钻头多为铁钉，钉入方形木塞中，锉尖一端，即可使用。铁头随锉随用，没有固定的大小，形状都为三棱或四棱，适于钻口径较小的孔。

榫卯制作完成以后即可进行试组装，也称认榫，就是把开好榫卯的部件组装成相对独立的结构部件，以检查榫卯接合是否合适、严密以及有无歪斜或翘角等情况。试组装之前要用净刨子刮料，刮完之后还需要拿刨子倒角，所谓“木工不倒角，手艺没学好”。倒角要数次数，否则容易产生不均匀的问题。组装之前用铲子或刨子把榫头倒圆一些，如此便于榫头插入卯眼。试组装正常后，再把各种部件轻轻拆开，对需要进行雕刻和起线的部件进行加工。

线脚是传统家具的一种主要装饰形式，是在构件的边缘部分或棱角上做出各种线形，常应用于家具的面板框架（大边和抹头）和腿足等部位。这一步工作简称为起线打圆。起线打圆的目的是让家具整体在视觉上更显圆润或劲挺。经过起线打圆的零部件，在空间中各平面出现凹凸和起伏，产生光影效果，丰富了家具形体空间的层次感。传统家具的线脚类型丰富，根据截面形状可分为弄堂线、洼线、芝麻梗、皮带线、捏角线、冰盘沿、文武线、竹片浑、瓜棱线等。不同线型需要配合相应的线刨制作，线刨刨底截面轮廓形状即为线型截面。

做好了线脚的各部件即可正式组装。传统工艺中，为了增加榫卯牢固度，组装之前需要“使鳔”。这是一种天然胶黏剂。它最大的特点是具有可逆性，遇热会软化，方便拆卸。

组装好的家具还需要经过“净活”处理。净活的主要工艺内容是用镑刨修整接口部位，用刮刀刮磨表面，以便染色和烫蜡。镑刨是在带柄的木条上嵌入多个钢片制成，将这些钢片用钢锉找平后再开刃。不同硬木材料的纹理结构不同，用其他刨子进行找平加工时会因戗茬而起堑，镑刨加工木材表面的效果更细致一些，所以只有硬木家具的制作才用到镑刨。镑刨特别能“拿戗”，使用镑刨不会因戗茬而起堑，还可以将不平的硬木表面修整得平整光滑。镑刨的种类很多，常见的有蜈蚣刨和小镑刨。蜈蚣刨俯视就像蜈蚣一样，有很多爪子，常用于板面的刮平；小镑刨用于修整线脚。将镑刨放在已经刨平的木料上，用力压住向前平推，能刮平、刮光硬木表面上由戗茬等造成的小坑。刮磨后的家具半成品纹理流畅清晰，表面平坦、无波浪感，手感平滑舒适。

3.1.3 表面打磨与涂饰

打磨与涂饰属于家具表面精加工的工艺范畴。木工行当里讲“一凿、二刻、七打磨”，可见打磨对于家具最终效果呈现的重要性。打磨的目的是消除家具表面的戗茬以及各种加工留下的痕迹，使家具表面粗糙度能够达到均匀一致，并且能够更好地凸显出木材表面纹理光泽及质感。此外，后续的着色、木蜡油涂饰都需要有一个光滑洁净的基底。因此打磨也是上述工艺的基础。

木材表面打磨需要配合使用相应的专用工具。传统家具制作工艺中，在没有现代化砂纸之前，北方木作匠人打磨时通常使用的是“木贼草”，也叫“挫草”“节节草”。这是一种与芦苇共生的细草，地上茎为中空的管状，全长约 600 毫米，每节长 70～90 毫米。在《嘉祐本草》中就有关于“木贼草”打磨家具的记载：“此草有节，面粗涩，制木骨者，用之磋擦即光净，犹云木之贼，故名。”将茎截取放入盐水中煮沸，之后晒干备用。打磨前，为了防止茎过于干燥容易折碎要先用水润湿，然后摘去节子，摆平贴在板上。而在南方，木作匠人多使用棕叶打磨。棕叶是老熟棕树树叶，叶子的背面有针状硬毛。通常，在盛夏的时候采取成熟的棕叶，用细绳穿起来阴干。使用棕叶的打磨效果特别精细。除上述植物做打磨工具外，还有浮石、木锉也可用于打磨。浮石是火山喷出的岩浆冷凝而成的一种质量轻并且富有空隙的石头，不仅可以用来打磨木材，也可以用于研磨骨头、牛角、大理石等材料。木锉是一种人工金属制品，一般具有平面和弧面两个表面，平面的一侧用于打磨锉削平面，弧面的一侧多用于打磨木制品表面凹陷处造型部位等。木锉的两面均凿有三角形的小齿，根据齿的大小疏密调整锉的粗细程度。

现代打磨通常使用木工砂纸。砂纸以纸或布为基底，将磨粒通过胶黏剂粘于表面。布基砂纸的抗撕裂性能优于纸基砂纸，打磨时不容易撕裂。对于砂纸的选择，砂纸目数是最主要的参数。目数的概念是一英寸（约 2.54 厘米）长度上具有的网孔的个数，目数越高砂纸上的磨粒越细密。木材加工常用的砂纸从 80～600 目不等。80～180 目属于粗砂纸，主要用于粗加工，可以显著提高材料去除效率。240～360 目，一般用于二次打磨，消除粗磨产生的打磨痕迹以及一些要求不高的表面磨削。400～600 目属于精细磨削，可以显著提高磨削表面的光洁度。

打磨加工时，不管是使用传统打磨工具还是现代打磨工具，均要注意打磨应顺着木材的纹理方向，这样不容易产生横向切割，可以减少表面起毛及划痕的产生。另外，打磨前要判断表面粗糙度大小，对于粗糙度比较大的平面要按照低目数到高目数的顺序用砂纸依次打磨。

打磨完成后可以进行染色。为使一件家具表面在颜色上统一，有时在木材修饰工艺中会用到染色，以降低色差、满足审美需求。传统家具的着色主要使用植物性色料。植物性色料的制作方法是：使用天然含有大量色素的植物枝干、根、果实等，加水煮出汁液，调制成固体块或者粉末。

花梨色是用松木、枳子、大红、黑矾调制而成。先熬松木和枳子，熬一小时左右，掺入大红和黑矾，再熬制半小时，如果颜色不够深就再加入一些相应的植物颜料，熬成以后用箩澄出。熬成的枳子和松木是金黄色，枳子烫上蜡以后反白。紫檀色的配色方法和花梨色相同，只是其中不放入大红，熬成后刷在木基层上就是紫檀色。金丝楠木色有两种：一种是黄楠，呈黄色；另一种是金丝楠，色泽深棕。楠木色用槐子和黑矾熬成，1 份槐子，0.5 份黑矾，分别熬制，先熬槐子一小时再倒入黑矾，根据设计颜色的深度情况可适当调整。

如今木材染色大都使用人造化学染料，可分为有机、无机、酸性、碱性等染料种类。就传统染色工艺而言，一般采用表面刷涂法染色，即在木材表面用刷涂染料的方式染色。除传统方式以外，现代染色方法还有加压浸注染色法、实木穿孔染色法、高温碳化着色法等染色性能更好的工艺手段。人造化学染料具有使用方便、颜色保持度高、固色性强、颜色可调范围广等优点，是现代木作染色的首选。

传统家具技艺中，染色工序并不是必要工序。对于具有天然色彩的珍贵木材制成的家具，不必进行着色处理，只需使用透明涂料涂饰表面，既能使木纹显得更清晰、色泽更鲜艳，又能起到增强天然美感的效果。

表面涂饰是家具制作的最后工序。所谓“涂饰”，就是在家具表面增加一层硬质的保护膜来阻止木材吸湿，防止变形开裂，提高表面抗污染能力。而且涂饰后能够显现出木材的天然纹理，提高表面光泽度。因此，涂饰是家具制作过程中非常重要的一步，既有保护作用，又有装饰作用。可用于涂饰的涂料品种有很多，主要有合成清漆、天然生漆、木蜡油、蜂蜡等。

传统家具涂饰工艺以烫蜡工艺为代表。烫蜡工艺是中国家具表面处理的一种常用装饰手法，其最早应用于青铜器表面的防锈处理，后来这种工艺被匠人加以改进并应用在小件的根雕作品上，随着技术的进步进而发展到家具表面处理。烫蜡工艺是把熔化的蜡刷到家具表面，传统上一般使用的是蜂蜡。蜂蜡是由蜜蜂蜡腺分泌出来的蜡，具有特殊香味，有防潮和绝缘的作用。烫蜡工艺对家具有很好的保护作用，进入木材内部的蜡可以阻止水分进出木材结构的微孔体系，起到防止家具翘曲变形、提高家具耐磨性的作用。此外，烫蜡工艺可彰显木材自然天成的美丽的木纹和色泽，其装饰效果不像其他装饰方法那么明显夺目，而是含蓄优雅。蜡质的保护膜在家具表面、棱角和边线等处会出现一种自然的、透亮的、温润的质感。并且随着时间的流逝，有色差的木材，色差也会越来越小，木材的花纹和色泽也会格外耐看。名贵的硬木家具，如紫檀、黄花梨和红木家具，最后都用这种工艺进行表面加工，而不再采用上漆工艺。经过烫蜡处理，红木家具表面会呈现出丝滑柔和的丝绸般的光泽感，而黄花梨家具则会像琥珀一样呈现出典雅的色泽。

烫蜡工艺流程为：熔蜡—布蜡—烫蜡—起蜡—擦蜡。熔蜡是根据不同的使用环境将蜡按一定比例配制，然后放入金属容器中加热熔化成液体。布蜡是把熔化的蜡液使用鬃刷按照从上到下、从里到外的顺序散布于家具表面。布完蜡即开始进行烫蜡，使用热源（现在一般用电热板或者热风枪）加热蜡滴并在其白泡泛起时用大板刷刷开、涂布均匀，直到蜡起泡均匀且不再继续往木材内层渗透为止。这一步比较关键，加热时不可操之过急，不可加热过猛。加热时间会比较长，这样才能使蜡质逐渐且充分地渗透到木材内层。烫蜡完成后一般在家具表面会残留多余的蜡层，这时就要使用蜡起子把家具各部位尤其是角落或雕刻部位的浮蜡起净，这一步称为起蜡。蜡起子一般用牛角或者酸枝紫檀等硬木制作，头部是扁铲型。最后是擦蜡，要顺着木材纹理反复用力擦，直到没有浮蜡，擦出光泽、手感润滑为止，类似于表面抛光，对于雕刻部位不易触及之处还需要使用工具配合蜡布进行擦拭。一般烫蜡不是一遍完成的，而是需要过一段时间重新烫蜡一次，只是后面的烫蜡过程用到的蜡的量要比前一次少。只有经过反复烫蜡才会让表面一层的木材把蜡吃足，形成一层致密的保护膜。家具烫蜡时，其背面可以不用烫，这样可以让木材的内表面和空气自由交换水分，在不同的季节达到干湿平衡。

3.2 榫卯结构与制作

榫卯结构是构成中国古代建筑和家具的经典结构，是中国传统木作的灵魂，更是中国传统文化的重要组成部分，几千年来一直伴随着建筑、家具、农具等木质结构器物的发展并传承至今。榫卯结构能够依据木材的属性、器物功能及造型，科学合理地适应木材及器物的要求，一方面克服了木材的弱点，另一方面也体现了中国人尊重自然和天人合一的思想。榫卯结构的形制丰富多变，利用其一凸一凹、一阴一阳可以变化出丰富多样的连接形式，将不同的部件紧紧相连，共同构成维护物件的稳定结构，不但满足了各种器物的功能需要，同时也在一定程度上支撑和制约着器物的造型。可以说，榫卯结构是独具东方文化魅力的华夏文明的珍贵遗产。

3.2.1 认识榫卯结构

王世襄先生在《明式家具研究》一书中写道："我国家具结构传统，至宋代而愈趋成熟。自宋历明，又经过不断改进和发展，各部位的有机组合简单明确，合乎力学原理，又十分重视实用与美观。"现如今，在古代木结构建筑或者身边一些古典实木家具中，都会看到许多形式各样的榫卯结构。例如：天津蓟州独乐寺，即是传统榫卯在建筑上应用的典范。它是中国仅存的三大辽代寺院之一，其中观音阁是我国现存最古老的木结构楼阁，至今已有一千多年的历史，依然屹立于中华大地，是中国建筑史上的一大奇迹。在建筑立柱与屋檐之间这一部分是斗拱，一种应用于大木作中非常著名的榫卯结构，也是中国建筑特有的一种结构。

传统家具中也有许多结构精巧的榫卯设计。在腿足与桌面及束腰连接处的细部结构，完全是通过木材本身加之巧妙的结构来实现连接的。这种榫卯形式是抱肩榫，不需用钉即可实现牢固结合而且经久不散，体现出古人精湛的技艺和高深的智慧。如果把我国古代传统建筑、家具形象地比作一个人，榫卯就是人体的关节，它是以凹凸结合的方式连接身体各个部位的构件，其相接处凸出部分我们称为榫或榫头，而卯则是凹进去的部分，也可称为卯眼，合在一起称为"榫卯"。

榫卯结构的运用在我国具有悠久的历史。有研究发现，早在 7 000 多年前的河姆渡新石器时代，我们的祖先就已经开始使用榫卯，战国时期已广泛采用榫卯接合的方式来制作各种生活器具；秦汉五百年间，中国古建筑主体的木构架趋于成熟，重要建筑物上普遍使用斗拱，榫卯也随之发展，出现了榫卯砖、企口砖、楔形砖等；隋唐时期，可以把大大小小、各种形式的上千个木构件通过榫卯紧密地咬合在一起，构件虽然很多但是没有多余的、没用的，榫卯在家具和建筑上同时进入发展鼎盛时期；宋元时期，《营造法式》的编修是中国古代建筑发展到较高阶段的标志，与榫卯结构一脉相承的斗拱结构也发展到了顶峰；明中期以后，明式家具因榫卯结构的成熟应用而达到顶峰，榫卯结构成为家具的灵魂。可以说，榫卯的发展史是匠师们高超技艺的传承史，也是中国传统建筑和家具的演进史。榫卯结构除了使用价值外，还蕴含着文化、历史、哲学等诸多传统思想观、世界观。

著名文物专家、学者王世襄先生曾说过："就算是经验丰富的老师傅也时常遇到打开一件家具其中的结构是未曾见过的情况，需细细品鉴才能体会到匠心所在。"可见榫卯结构的多样性。从应用角度划分，榫卯可以大体分为木结构建筑用榫卯结构、家具上使用的榫卯结构，以及木车、农具等其他器物上使用的榫卯结构。虽然榫卯被应用于不同的领域，但是彼此之间具有很深的联系。例如，传统家具和建筑都是以木材为主要材料，取材一致，使得家具的制作能够成功移植传统建筑中的一些合理构造，所以两者在结构、造型、装饰等方面具有较强的同构性。因此，无论是建筑上还是家具上，许多榫卯结构的形制是相同或相近的。

我国家具结构传统，到宋代趋于成熟，自宋代到明代又经过不断改进和发展，家具各部位的榫卯接合已经达到既简单明了、合乎力学原理，又十分重视实用与美观的水平。据统计，明式家具中应用到的榫卯结构有几十种，例如我们熟知的格肩榫、粽角榫、抱肩榫、楔钉榫等。榫卯结构虽然没有一个全行业统一的结构尺寸标准或规范，更多的是凭借传统木工的经验和感觉去制作，而且全国范围内不同地区的榫卯结构还有一些差异，但回归本源，榫卯的基本结构形式是相对统一的，有一个基本共识：榫头和卯眼要达到一定的强度，而不是全靠胶水来固定家具的各部件。榫卯结构作为一种连接方式，其首要的功能就是通过部件间榫和卯的咬合来限制部件在某几个方向上的移动和转动，尤其是在一件家具中多个榫卯组合在一起时，它们相互支撑，可以达到极其复杂微妙的平衡。与金属连接件相比，榫卯连接能够更好地限制部件间的扭转，且具有较高的接合强度。此外，研究表明，榫卯连接能有效减轻地震对建筑的危害，能够有效缓冲地震波对建筑的影响。榫卯的结构强度也与木材本身的力学性能有较高的相关性。

除连接作用外，榫卯结构同样关系到家具的美观和艺术性。中国传统家具十分讲究木材花纹走向的完美流畅和连续不断。通过榫卯接合，就可以保持构件之间的木纹连续不断。例如，榫卯里的格角对接，不仅保持了木纹的连续性，而且不会露出色暗易开裂的木材端面。另外，榫卯接合可以使不同构件之间的线脚和饰面浑然相接，达到科学合理和视觉美观的双重效果。再有，榫卯结构可拆装，许多榫卯制作的家具是可以实现活拆的，这不仅方便了家具运输，而且提高了更换破损部件的便捷性。为了提高榫卯结构的连接强度，在传统家具组装中，古人会在榫卯连接处使用鳔胶进行胶接，即使是胶接之后的家具依然可以实现活拆，因为鳔胶有一个特点就是加热会软化，这既保证了家具部件之间的连接强度，又提高了其可维修性。榫卯结构不仅是木构件中的节点，更是家具的一种造型手段，对于提升家具品质具有重要作用。例如：使用楔钉榫可以将木材连成优美的圆弧形圈椅；使用霸王枨可以实现腿足与面板直接连接达到强度要求的目的，省去了横枨。除此之外，每一种榫卯又可派生出各种变体，极大地满足了家具造型对不同变化的需求。可见，中国传统家具的每个榫卯都渗透着古人的匠心。通过能工巧匠之手，榫卯焕发出强烈夺目的生命力。从存世的传统家具我们可以看到，那些经历百年风霜的榫卯依然紧紧相扣，展现着中国传统家具完美无缺的风采和古代木工技艺的精湛，是中国传统文化遗产的瑰宝，值得我们学习和传承。

3.2.2 常用榫卯结构及应用

按照构件的组成和结合形式，可以将榫卯结构划分为四个类型，即基本接合、腿足与上部构件的接合、腿足与下部构件的接合以及其他另加的榫销。

基本接合类型包括各种板材、横竖材、直材、弯材的接合，有平板拼合，厚板与抹头的拼合，平板角接合，横竖材丁字形接合，方材、圆材及板条的角接合，直材交叉接合，弧形弯材接合以及攒边打槽装板八种常见的接合类型。

平板拼合就是将不够宽的两块或者多块木板拼合的工艺，常用于桌案面芯或者柜门等薄板的拼合，也用于床围子、架几案面的厚板的拼合。传统木作中常用的薄板拼合的榫卯结构是龙凤榫。有两种不同的龙凤榫形态：一种是榫舌和榫槽都是直角形；另外一种是榫舌和榫槽被做成燕尾形状，拼接时板从一端推到另一端。为了防止拼板弯翘，通常横着还要加几条穿带。穿带的咬合结构常用的也是燕尾型。对于较厚的木板之间的拼接，更多的是采用银锭榫拼合、直榫拼合和走马销拼合的方式。银锭榫拼合和直榫拼合结构比较简单，一目了然。走马销拼合结构则稍微复杂一点，能够实现自锁机制，这样可以使拼板结合更加牢固。中国传统家具为了将美观度欠佳并且容易开裂的木材端部隐藏起来，会使用抹头在木板端部进行拼合，比如用独板作翘头案，翘头造型与面板连接。木板之间在板宽方向上的对接称为平板角接合，其应用实例主要有三块厚板制成的炕几或者条几、抽屉立墙等处箱框的制作。这种拼接主要是通过燕尾榫来实现的，分为不漏榫的全隐型燕尾榫、两面都外露的明榫和只露一面的半隐燕尾榫三种。

横竖材丁字形接合常用于枨子和腿足的连接，以及四出头官帽椅的搭脑、扶手和腿足的连接，或者是各种管脚枨及横竖材的攒接等。从材料形状上，主要分为圆材和方材的丁字形接合；从两根材料粗细是否相等上，又分为交圈和不交圈。下图展示的是圆材的丁字形接合，左边是横竖两个材料粗细相等的接合结构，右边两个是粗细不等的情况下交圈和不交圈的接合结构。方材的丁字形接合一般用交圈的格肩榫，有大格肩和小格肩之分。所谓小格肩，就是将格肩的尖端切去，这样既可以减少卯眼的剔凿量，又可以避免格肩尖部易损坏的情况。同为大格肩的情况下，又可分为实肩和虚肩，实肩的格肩部分和直榫部分之间没有空隙，而虚肩则是有空隙的，这是为了施胶时增加胶合面积。除此之外，对于一些较粗糙家具上的方材丁字形接合，可以采用齐肩膀的方式，即直角榫接合。

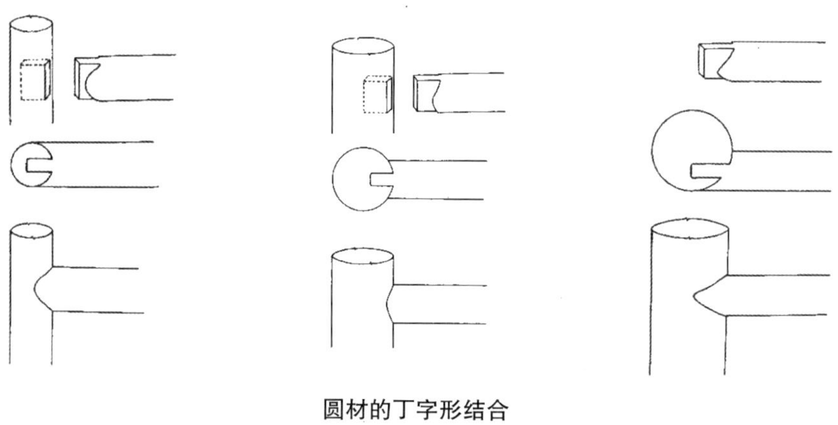

圆材的丁字形结合

方材、圆材及板条的角接合也是一类比较重要的接合类型，常见于南官帽椅和玫瑰椅的搭脑、扶手、前后腿的接合，一般都是闷榫，也就是说看不到榫卯的结构。其接合方式主要有四种：第一种是两材各出单榫拍合；第二种是一材出单银锭榫，另外一材是双银锭榫，这样的组合使得两材在竖直方向上不可拉开；第三种榫叫挖烟袋锅，非常形象，搭脑部分打卯，腿足上端出榫，拍合后交缝是水平方形的；第四种是揣揣榫，用于板条的角部接合，这种结构像旧时穿棉袄把手揣在袖口一样，所以形象地称为揣揣榫。

楔钉榫主要应用于如圈椅的圆后背以及香几或圆杌凳的托泥这种曲线型的造型。这种曲线结构实际上是由多根木料拼接而成，其中使用的重要榫卯结构就是楔钉榫。楔钉榫是明式圈椅接头的经典成型结构，是弧形料截面比较小时常采用的做法，制作考究、牢固、美观。它由两片榫头像合掌一样交搭在一起，榫头的末端又有小榫舌，能够插入对方槽中，这样就能紧贴在一起，使得它们不能向上或向下移动。然后，在搭口的中部剔凿出方孔，将一枚方形的头粗尾细的木楔子打入其中，这样在水平方向上两块材料也不能拉开了，这是楔钉榫的一个结构形式。木工师傅在加工木构件时，方正平直的结构件很容易制作，但曲线弧面构件往往做不严密。楔钉榫结构中主要接缝都暴露在表面，如果缝隙控制不好会影响美观。在制作楔钉榫时要把握好接口的角度，把对肩接口处的平面锯好、配合好是关键。制作楔钉榫的要求是：楔钉有大小头。圆弧构件外圈是大头，内圈是小头。楔钉形状呈等腰梯形，楔钉槽和楔钉大小形状要保持一致。当两片榫卯扣合在一起时，楔钉槽呈台阶状。当打入楔钉后横断面的结构要更加紧密才行。

腿足与上部构件的接合分为无束腰和有束腰两种。无束腰杌凳的接合结构，是在腿足上端开长短榫，分别插入面子的大边和抹头；若加装牙头，则会在两侧分别开用于装载牙头的槽。如果要在面子的下部加装“垛边”，则需将腿足上端的长短榫留得长些，使其贯穿“垛边”后再插入大边和抹头。对于有束腰的家具，通常采用抱肩榫的方式进行接合。其结构要比无束腰家具复杂。在抱肩榫的结构中，束腰以上部分与无束腰家具相同，也是通过长短榫的方式与面子的大边和抹头进行接合的。只是在束腰部位以下，切出 45° 斜肩，并剔凿三角形榫眼用于与牙子的 45° 斜尖和三角形榫舌拍合，斜尖上留有挂销，与牙子的槽口套挂。对于具有更高束腰的家具，其大致构造基本相同，只是在此基础上拉长相应部位的高度，以便嵌装束腰或绦环板。

夹头榫、插肩榫是案形类家具中常用到的结构。圆腿嵌夹牙头和牙板的结构造法，是受到中国古代建筑上的梁架结构的启发，这应该是中国家具营造法式中比较古老的一种造法。夹头榫是在案腿的上端开口，顶端出榫与案面连接，开口中嵌夹牙条和牙头。这种结构增强了案面与案腿上端的刚性，使案面和案腿的角度不容易发生变动，同时又可以把案面的重量均匀地分布在四个腿上。夹头榫结构虽比较简单，但为了美观，在家具制作中应注意腿子相对于案面奓度，要注意各部件的加工角度。另外，牙板要有意识地比腿子上肩高 1～2 毫米，这样随着使用会接合得更加紧密。

插肩榫在外形上虽然与夹头榫不同，但是在结构上差别并不大，同样也是腿足顶端出榫与面拍合，并且上端也有开口用以嵌夹压条。不同点在于，腿足上部靠外的这一部分做出了斜肩，牙条和腿足相交处剔出槽口，当牙条和腿足连接时可以使得两者结合更加紧密，并且案面压下来的重量越大，牙条和腿足扣合得越紧，使框架前后左右方向上都不容易错动。

粽角榫也是一种非常巧妙的榫卯结构。因为其结合后外形类似粽子一角，故得名粽角榫。这种榫卯结构常用于四面平式的家具上，例如桌子、书架、柜子等。粽角榫结构造型上的特点就是可以使家具显得整齐美观。它由三根材料构成，每个角的三面都用 45° 格角，其中承受竖直方向载荷的这一根内部出双榫，拍合后可以将上部两根锁牢。但是粽角榫对材料的剔除量是非常多的，尤其是竖直这一根料头上，所以粽角榫结构一般需要其他结构加以固定，否则不够坚固耐用。如果粽角榫结构中边框带有弧度，格肩时一定要注意，否则容易出错，要把边框倒圆的厚度考虑在内，不然三根材料不能聚焦一个点上。另外，粽角榫结构对料的要求高，方正平直，不同于两根料丁字相交，榫头和卯眼要做严密、做正，如果做得不准确，结果就是三碰肩的三条格肩缝隙不严密，影响美观。此外，应注意边框的打槽一定不要伤着榫头，槽口的厚度、榫头的大小和位置要统一考虑。

3.2.3　榫卯结构的制作要点

3.2.3.1　直角榫的制作要点

直角榫，指的是榫肩面与榫颊面互相垂直或基本垂直的榫卯形式。此种榫卯结构是最基本的榫卯，我们的祖先在制作简易家具时应该就已经采用了。其他榫卯结构都是根据此种榫卯结构不断演变而来的。直角榫的优点是加工难度相对较低，而且接合牢固可靠，是应用最广的一种榫卯接合形式，在木家具结构中，各种框架接合大都采用直角榫。

直角榫结构形式

演示制作的直角榫属于双肩暗榫的直角榫，它有两个榫肩，而且榫眼是非贯通的，不能看到榫头的顶端。下面将展开介绍直角榫制作的工艺要求和注意事项。

此处使用的木料是榉木，分为两块，打卯眼的这一块厚度是 25 毫米、宽度是 30 毫米，相应地开榫头的木料截面也是 25 × 30 毫米。

（1）准备工具。

制作所需准备的工具有凿子、手工锯、

工具准备

锤子、直角尺、铅笔、画线器等。

（2）画线。

在两块木料上画上辅助线，即确定出榫卯的位置和大小。榫头的位置一般处于零件断面的中间，这样可以使两肩同宽。对于单个榫头来讲，它的厚度为方材厚度的 0.4～0.5 倍，这里取 0.4，因为开榫头的这块木料厚度是 25 毫米，所以可以求得榫头厚度是 10 毫米，这样两边榫肩的厚度就是 7.5 毫米。榫头的宽即木料的宽，也就是 30 毫米。因为这是一个暗榫，所以榫头的长度要小于另一根被接材的宽度，这里把榫头长定为 18 毫米。

木料画线

以上是榫头的数据，接下来我们来确定卯眼。第一条线应该是卯眼的位置线，用于确定卯眼在材料上精确的高低位置。卯眼的宽度跟榫头的厚度是基本相等的，由于现代木工通常在榫卯上都要施胶，为了提高接合强度，不要用过多的胶液。通常卯眼的宽度要比榫头的厚度长 0.1～0.2 毫米，它的长度要比榫头的宽度短 0.1～0.5 毫米。对于软材取大值，硬材取小值，这样的配合间隙能够充分利用木材的压缩强度使配合紧密。卯眼的位置不要距离材料边太近，要留足够的厚度，一般硬材大于或等于 6 毫米，软材大于或等于 8 毫米。此处直角榫在一侧上两根材料是平齐的，因此卯眼距离木料边部就取榫肩的厚度即 7.5 毫米。

（3）凿卯眼。

用锤子和凿子凿卯眼。如果是透榫，卯眼不能一遍凿透，要两边凿。

（4）锯榫头。

根据之前画好的线，用手工锯沿着线条的外侧锯半线、留半线。

凿卯眼

锯榫头

拼装

（5）拼装。

将榫头和卯眼进行试组装。如果搭配不紧密，可以用凿子进行修整。用锤子将制作好的榫头慢慢敲进卯眼里。

3.2.3.2 燕尾榫的制作要点

燕尾榫主要分为三种形式：全隐燕尾榫、半隐燕尾榫和明燕尾榫。全隐燕尾榫只能看到木板拼合后的接缝，半隐燕尾榫是在一面可以观察到燕尾榫结构，而明燕尾榫则是两面皆可看到燕尾榫的外形。相对来讲，明燕尾榫的制作要简单一些，下面将演示其制作方法。

（1）准备工具。

凿子、手工锯、锤子、直角尺、铅笔、画线器、活动角尺等。

工具展示

（2）画线。

根据图纸的宽度画出榫头的形状，用角尺按照燕尾角度返线，确定好榫头长度后画线。画榫头时，需放在另一根木材的端面按照榫头的形状画线。

燕尾榫画线

（3）锯榫头。

画好线之后，用手工锯沿着线的外侧锯半线、留半线，然后用凿子在母榫的端面修理平整。

锯榫头

（4）凿卯眼。

马牙形卯眼，以线条为参照，用木工凿剔凿出与榫头厚度相等的孔眼。

凿卯眼

（5）拼装。

拿着加工好的榫头对一下卯眼。如果搭配不紧密，可以用凿子进行修整。用锤子将制作好的榫头敲进卯眼里，制作完成。

拼装

银锭榫画线

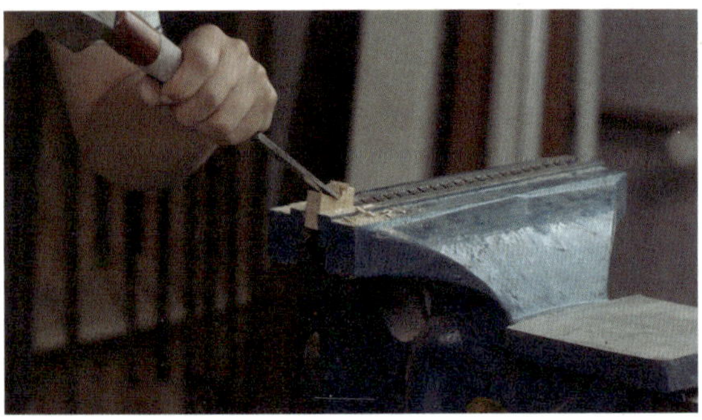

榫块制作

3.2.3.3 银锭榫的制作要点

银锭榫，或称木销拼接榫、蝴蝶榫，是一种两头大、中腰细的榫卯结构，因其形似银锭而得名。银锭榫主要用于两板的拼合和结构性开裂的修复，起到木材拼接和加固的作用。其制作要点如下：

（1）准备工具。

凿子、手工锯、锤子、直角尺、铅笔、画线器、活动角尺等。

（2）画线。

银锭榫属于分体式榫。银锭榫本身需要从小木料上截取，因此应先在木料上勾画出需要的形状和尺寸，所用工具包括铅笔和活动角尺。大板木料上剔凿的卯眼形状根据银锭榫外形边线勾勒画出。

（3）锯榫块。

比照上一步所画银锭榫边线，使用手工锯和手工凿锯半线、留半线，将银锭榫榫块制出备用。

（4）凿卯眼。

在所需嵌榫块的平板上，按照线条轮廓使用手工凿挖出卯眼，卯眼的深度要小于榫块的厚度且底面剔至平整。

（5）安装修整。

将制作好的银锭榫榫块安装到卯眼中，如果榫块略大，需对其边部进行修整。榫块楔入后表面可能并不完全平整，这时需用手工凿将榫块表面修至与大板表面齐平。

凿卯眼

修平

本章小结

主要内容

中国传统木作具有悠久的历史和丰富的文化内涵，是中国古代建筑、家具技艺的重要组成部分，不仅展示了中国古代文明的独特魅力，也体现了木工技艺的卓越和创造力。本章从传统木工技艺的基础知识出发，系统讲解了传统木作工艺流程及常用榫卯的制作方法。

重点难点

1. 传统木工工艺的加工流程，以及工艺步骤之间的前后关系。

2. 传统家具表面涂饰使用的材料及工具，烫蜡的工艺步骤。

3. 榫卯基本接合类型，不同种类榫卯适合的结构类型；有束腰家具和无束腰家具在榫卯结构中的不同点。

4. 榫卯制作的基本步骤，以及进行简单的榫卯制作。

任务模块

思考任务

1. 分析榫卯结构与传统古典家具造型之间的关系。

2. 图文并茂地对传统家具结构进行解析。

3. 现代工具和工艺如何影响传统木作加工工艺?

4. 如何进行传统榫卯的结构优化，使其更加适合现代生产工艺技术?

拓展任务

1. 测绘一件传统家具，如靠背椅、圈椅等，将椅子拆解，测量各部分尺寸后进行制图。

2. 从选料备料开始，小组完成直角榫的加工制作。

设计任务

1. 设计一件新中式家具，其连接要应用传统榫卯结构。
2. 设计一种新型的榫卯连接结构，并讲解其应用场景和使用方法。

章节资源

1. 牛晓霆 . 明式硬木家具制造 [M]. 哈尔滨：黑龙江美术出版社，2013.
2. 薛坤 . 传统家具榫卯结构研究 [M]. 北京：中国林业出版社，2018.

4. 制作材料

Materials

传统家具用材，分为主材和辅材两部分。辅材包括除木材以外的各种材料。中国古典家具对于材料的选择是十分重视的，以用材考究著称于世。特别是在制作明式家具时，对于材料的选择非常严格。明式家具以其精心挑选的材料和对称的布局而闻名于世。它充分利用木材的天然纹理和色彩，不仅充分展示了木材的特性，还融入了儒道文化的精髓，呈现一种内涵丰富的秩序美。可以说，在明式硬木家具制作中，材料的选择已不仅仅是一种简单的选择行为，更是一种文化表现和生活方式的体现，同时也反映了古代工匠对木材性质的深刻理解和科学把握。以下内容将主要介绍传统木作常用的主材种类及特性，以及辅材的分类与加工工艺。

明式家具的制作强调根据木材的不同特性，如材质、纹理、颜色和形状等，采用不同的工艺方法，以确保充分利用木材的特点。明式硬木家具通常选用珍贵的硬木，如紫檀、黄花梨等。这些木材的生长周期长、成材率低，即使在明清时期，获得大尺寸且长度适中的木材也十分困难，就像寻找高品质的宝石材料一样。这种情况在某种程度上决定了经典明式硬木家具的制作是根据现有木材来进行的，即先有木材，然后根据木材的具体特性来制作相应的家具，而不是事先设计好家具图纸再寻找适合的木材。这不仅因为珍贵硬木材料难以获得，更因为即使是相同种类的硬木，在相同的生长环境下，其质地、直径、颜色、纹理和形状都会有很大的差异。因此，“因材施艺”是制作明式硬木家具的基本原则，主要是指根据木材的特性来选择合适的加工工艺。明式硬木家具常用的木材包括紫檀、黄花梨、鸡翅木、铁力木、花梨木、乌木和红木等，它们在软硬度、质地、纹理和颜色等方面都有显著的区别，正是这些区别造就了不同木材之间的气质差异，从而导致了不同的工艺方法的选择。

其中，对于坚硬且纹理精美的木材，如紫檀和黄花梨等，适合进行精细的打磨和加工。它们的材质坚硬，纹理细密，油性大，变异性较小，容易雕刻。这些木材对制作工艺的要求非常高，因为它们可以制成非常精致的器物，允许进行复杂的雕刻和各种线型的刻画。此外，这些木材在经过磨工后会变得越来越润滑和有光泽。这为创造明式家具的线性造型艺术、精致的装饰手法和柔和的视觉美感提供了坚实的基础。举例来说，紫檀制作的扇面南官帽椅具有舒展而庄重的外观，座面呈扇形，整体表面光滑如玉，只在靠背板上雕刻精美的龙纹和牡丹花纹，座椅上的纹理栩栩如生，线条流畅，无比光滑。这种艺术魅力正是紫檀材料所特有的，其他材料难以媲美。

对于坚硬但脆性较大的木材，如乌木，虽然它坚硬如铁、表面光亮如漆，但由于脆性较大且难以找到大块材料，因此在制作器物时不适合进行精巧的雕刻，应选择细木工艺，注重磨工，以展现其光泽和颜色。乌木所制作的大件器物较少，其中故宫珍藏的清初七屏卷书式扶手椅就是一件杰出之作。它整体光滑如漆，靠背和扶手连为一体，座位采用攒框制作，底部配以平管脚枨，线条圆润而空灵，表面亮如黑漆，与紫檀制品不相上下。

至于坚硬且具有美丽纹理的木材，如黄花梨和鸡翅木等，它们不仅材质坚硬，而且纹理清晰、肌理细腻。它们常常因不同的生长环境而形成各不相同的美丽纹理，如猫眼、鬼面、虎皮等。因此，在制作器物时，应巧妙地融入这些天然纹理，可以将纹理作为装饰，或者根据纹理来设计器物的形状，使纹理与形状相互映衬，呈现一种天然的和谐美。这也正是明式硬木家具艺术的精髓之一。举例来说，黄花梨制作的圈椅中，木材的纹理与椅圈的弧度相契合，木纹随着椅圈的形状蜿蜒流动，形成优美的曲线。坚硬且具纹理美的木材也能进行雕刻，但在雕琢时应充分考虑纹理的自然变化，以使雕刻与纹理相融合，呈现一种独特的“以纹理塑型”的效果。

中国传统家具用材讲究顺性而用，如果我们把“因材施艺”视为明式硬木家具制作的根本原则，那么顺性而用则代表了明式硬木家具制作的具体实践方法。顺性而用意味着根据木材的自然属性，采用合适的加工技巧，最大限度地发挥其潜力，同时最小化其缺陷。木材的自然属性可以分为三个主要方面：视觉特性、物理特性和力学特性。视觉特性包括木材的颜色和纹理，物理特性包括吸湿性和膨胀性，而力学特性则包括塑性、弹性和强度。在家具制作过程中，这些属性既有利又有弊，关键在于如何正确应用它们。如果方法得当，不仅能够凸显木材的出色特性，还能够巧妙地掩盖其不足之处。相反，如果方法不当，可能会使优点无法发挥，同时暴露出木材的缺陷。

几百年来，经验丰富的工匠们通过实践，摸索出了各种顺性而用的技巧。这些技巧不仅将硬木材的天然纹理和色彩表现得淋漓尽致，还巧妙地处理了木材的吸湿膨胀问题，这种智慧反映了工匠对材料本质的深刻理解。

具体而言，顺性而用可以总结为三个关键要点：善于运用颜色、善于利用纹理、善于顺应木材属性。顺应木材属性后文加以详述，这里先阐释一下颜色与纹理方面的内容。

善用颜色有两层含义，一是展现单一硬木的自然颜色，二是巧妙地搭配不同硬木的颜色。由于不同硬木有不同的成分和颜色，明式家具的硬木材料呈现丰富的色彩变化。例如：紫檀从橙红到深紫，黄花梨从金黄到深红，乌木从栗褐到墨黑，铁力木从暗红到黑褐，黄杨从淡黄到褐黄，等等。这些丰富的色调变化不仅凸显了自然之美，还为硬木材的不同之美赋予了多样性，如紫檀的庄重典雅、黄花梨的温暖柔美、铁力木的朴实质朴，等等。工匠们特别喜爱黄花梨，用它创造出了质朴、简洁、明快、空灵的家具，形与色相得益彰，为家具赋予了柔美的视觉感受，构成了和谐的整体。此外，硬木的颜色变化也为工匠提供了更广泛的材料搭配选择，但这些搭配并不是随意的，而是有一定规律的。在实践中，有一些固定的搭配，如“楠配紫檀，铁配黄花梨，乌木配黄杨”等。此外，还有其他常见的搭配，如鸡翅配紫檀、花梨配楠木、紫檀配黄杨等。总之，整体原则是根据颜色深浅来搭配，具有一定的审美规律。

善用纹理指的是科学合理地利用硬木的自然纹理。木纹由生长轮、木射线、轴向薄壁组织等解剖结构相互交织而成，不同切割方式会呈现出不同的纹理，如横切面呈同心圆花纹、径切面呈平行条纹、弦切面呈抛物线状花纹。明式硬木家具的材料不仅具有丰富的颜色变化，还具有多样的纹理特征，如直纹、反纹、斜纹、曲纹等，为创造不同的视觉美感提供了多样性。然而，善用并不意味着简单地运用纹理的对比效果，而是巧妙地将自然显现的木纹用于满足家具各部分的力学需求。纹理的差异并非刻意安排，而是根据各构件的材性需求而形成的。这与传统建筑中大屋顶的曲线设计类似，随着屋顶高度的升高而形成不同的曲线，具有相似的美感。明式硬木家具的腿、框架等构件是主要承重部位，因此需要具备稳定的材性和较高的抗压强度。根据前面的学习，我们已经知道木材的中材部位在顺纹方向上具有最稳定的材性和最佳的抗压强度，因此最适合用于制作腿和框架。而中材的纹理特征与构件的形状有关：当构件为直线型时，中材的直线纹理最适合；当构件为曲线型时，中材的曲线纹理更适合。这种“依纹取材”的方法不仅满足了承重需求，还增强了构件的视觉力量感。

与腿、框架等构件不同，镶板（如座面板、靠背板、桌面芯板、柜膛板、柜门板等）主要起辅助承重作用，并注重装饰美感。木材的心材部位具有最优美的纹理，给人以生命的韵律感与和谐的自然感。因此，最适合用于各种镶板的材料是具有优美曲线纹理的心材部位。然而，在选择心材时，需要注意心材纹理变化的视觉中心位置与镶板纹理的视觉中心位置的协调。如果是单块镶板，只需控制好心材部位纹理变化的尺寸范围即可。如果是多块心材板拼接而成的镶板，则需要关注板与板之间纹理的对接和拼接完成后整块镶板纹理变化的视觉中心位置的统一。

4.1 主　材

在家具制造中，主材取决于具体的家具类型和设计风格。在中国古典家具中，构成主体的主要材料是木材，分为硬木类与柴木类。不同树种材质性能迥异，但也有许多相似之处。因材施艺是中国传统木作的基本原则。学习木材特性是熟练掌握中国传统木作文化的重要基础。

4.1.1 木材特性

自古木材就是人类生存所依赖的主要原材料，它来源于树木的主干和枝丫，是天然的高分子材料，也是人类最早使用的材料之一。任何一种材料要做到合理加工和利用，都必须全面了解它的性质与特征。材料科学家一般把木材看作低密度、细胞结构的、聚合的复合材料，它变异性大又不均匀，不能归属于哪一类材料，因为它跨几种材料的性质，所以对它的研究需要一门专门的科学——木材科学。要科学地使用木材就必须先了解木材。对木材资源的开发不能离开对其品性的研究，对木材资源的利用也离不开对其材料性质、加工条件的研究。本部分内容将从木材的宏观构造、木材的物理力学性质等方面来系统介绍木材的相关性质。

树木的生长是指树木在同化外界物质的过程中，通过细胞分裂和扩大，使树木的体积和重量产生不可逆的增加。树木是多年生植物，可以存活几十年至几千年。树木的一生要经历幼年期、青年期、成年期，直至衰老死亡。而木材产自高大的针叶树和阔叶树等乔木的主干。树木是有生命的有机体，是由种子（或萌条、插条）萌发，经过幼苗期长成枝叶繁茂、根系发达的高大乔木。纵观全树，它由树冠、树干和树根三大部分组成。树根是树木的地下部分，占立木总体积的 5%～25%，是主根、侧根和毛根的总称。树冠是树木上部生长着的枝丫、树叶、侧芽和顶芽等的总称，其大枝可生产一部分径级较小的木材，通称枝丫材。树干是树冠与树根之间的直立部分，是树木的主体，也是木材的主要来源，占单株木材总产量的 50%～90%。树木的生长，是初生长（顶端生长，高生长）与次生长（径生长）共同作用的结果。木材的生物学特性决定了木材的许多性能与常见的非生物材料（金属、塑料等）相差极大。

4.1.1.1 木材的宏观构造

人们对于木材的直观认识来源于感觉器官，如木材的颜色、光泽、纹理、结构、气味等物理特征。此类特征即木材的宏观特征，是指用肉眼或借助 10 倍放大镜所能观察到的木材构造特征。木材的宏观特征，分为主要宏观特征和辅助宏观特征两部分。木材的主要宏观特征是木材的结构特征，它们比较稳定，包括心材和边材、生长轮、早材和晚材、管孔、轴向薄壁组织、木射线、胞间道等。木材的辅助宏观特征又称次要特征，它们通常变化较大，只能在宏观识别木材中作为参考，如髓斑、色斑、乳汁迹、内含韧皮部、油细胞和黏液细胞等。木材是由无数不同形态、不同大小、不同排列方式的细胞所组成的。同一类别的细胞在木材中聚合为组织。木材的宏观特征实际上就是这些组织在肉眼和低倍放大镜下的形态表现。由于受遗传因子、有性繁殖过程可能产生的变异、生长的地理环境和气候条件等各种因素的影响，各种树种木材的构造具有多样性。但对亲缘关系相近树种的木材来说，其构造和物理特征仍然存在一定的规律。通过对这些共性和异性特征大量的观察及归纳，就能达到识别木材的目的。

木材的构造从不同的角度观察有不同的特征。要充分认识木材的结构特征，必须从三个切面进行观察。这三个切面是人为确定的三个特定的木材截面，它们本身不是木材的特征，但对它们的观察可以达到全面了解木材构造的目的。

横切面是与树干长轴或木材纹理相垂直的切面，也称端面或横截面。在这个切面上，可以观察到木材的生长轮、心材和边材、早材和晚材、木射线、薄壁组织、管孔（或管胞）、胞间道等，是木材识别的重要切面。径切面是顺着树干长轴方向，通过髓心与木射线平行或与生长轮相垂直的纵切面。在这个切面上，可以看到相互平行的生长轮或生长轮线、边材和心材的颜色、导管或管胞线沿纹理方向的排列、木射线等。弦切面是顺着树干长轴方向，与木射线垂直或与生长轮相平行的纵切面。弦切面和径切面同为纵切面，但它们相互垂直。在弦切面上生长轮呈抛物线状，可以测量木射线的高度和宽度。在木材加工中，通常所说的径切板和弦切板，与上述的径切面和弦切面是有区别的。在木材生产和流通中，借助横切面，将板宽面与生长轮之间的夹角在 45° ～90° 的板材称为径切板；将板宽面与生长轮之间的夹角在 0° ～45° 的板材称为弦切板。

在横切面上，有时我们会发现靠近内部的木材颜色较深，靠近外侧的颜色较浅。颜色较深的这一部分木质部称为心材，它的耐久性比较强。外侧颜色较浅的这一部分就是边材。当然，对于有些树种如椴木、杨木等来说，它们心材、边材的颜色并无明显差异。心材是由边材演化形成的，是已经死亡的木材细胞。在家具生产中，心材的利用价值更高，国家标准里就规定了红木是珍贵树种的心材部分。树木通过形成层的活动，在横切面上会形成一层层深浅不一围绕髓心的轮状纹理，称为生长轮或生长层。温带和寒带树木在一年里形成层分生的次生木质部，形成后向内只生长一层，将其生长轮称为年轮。通常同一年生年轮在颜色上具有深浅差异，这种区别是由早晚材材质差异导致的。温带和寒带树木在一年的早期形成的木材，或热带树木在雨季形成的木材，由于环境温度高、水分充足、细胞分裂速度快，形成的木材材质较松软、材色浅，称为早材；到了秋冬季节，树木的营养物质流动缓慢，形成层细胞的活动逐渐减弱甚至停滞，形成的细胞腔小而壁厚，材色深，组织较为致密，称为晚材。早晚材结构和颜色不同，在它们的交界处形成明显或不明显的分界线。

生长轮在不同的切面上呈不同的形状。多数树种的生长轮在横切面上呈同心圆状，如杉木、红松等；少数树种的生长轮则为不规则波浪状，如壳斗科、鹅耳枥、红豆杉、榆木等；石山树则多为偏圆形；蚬木似蚬壳的环纹。年轮赋予了木材优良的装饰性，而且年轮在不同的切面上具有不同的纹理特征，呈现出不同的形态。横切面上的年轮是同心圆状，径切面上则是平行的条带状，而弦切面上呈现抛物线状，尤以弦切面最具有变化的美感。

除以上特征外，对于阔叶材来说，仔细观察木材横切面就会发现木材表面有许多小孔，这被称为管孔，也就是木材内部导管留下的孔隙。所谓金星紫檀或者牛毛纹紫檀，实际上就是导管在不同切面留下的痕迹，只是在横切面上以孔的形式呈现，在径切面和弦切面则是槽。由于其导管内部富含矿物质侵填物，因此木材表面有时会呈现出光泽感。

4.1.1.2 木材的物理力学性质

木材的物理力学性质主要包括木材的吸湿性、木材的平衡含水率和木材的干缩湿胀性能等。

木材像海绵一样可以从空气中吸收水分或者向空气中蒸发水分，前者称为吸湿，后者叫作解吸，这个过程同木材中水分含量与周围空气的相对温湿度有很大的关系。木材的吸湿性与木材的化学成分以及生理结构息息相关。由于木材化学成分中有大量的亲水性的化学基团，可以吸附空气中的水分子，而且生理构造上又有许多的微小空隙可以为自由水提供贮存空间，因此木材中的水分会与外界的水分进行不断交流。

水分在木材的形成、运输、加工和利用的各个环节都起着非常重要的作用。树木的生长是通过根系吸收的水分以及空气中吸收的二氧化碳在叶片中进行光合作用产生碳水化合物的形式来进行的，因此在树木的生长过程中，水分源源不断地通过边材的细胞输送到树木的各个部位。由于生长环境、气候及土壤条件的不同，树木可以吸收的水分的多少也随之变化，因此在采伐时由于季节及生长环境等的不同，其生材水分的含量也会发生变化。采伐后的原木及其锯解后的板方材在存放和运输过程中水分进一步变化，在加工和利用的各个环节中，由于环境及人为的干燥过程等的影响，木材中的水分会不断变化。

水分对木材的物理力学性质有非常大的影响，从而影响到储存运输、加工利用等各个环节。因此，掌握木材中水分的存在状态以及水分所引起的木材的各项性质变化，对于木材的合理采运、加工和利用具有非常重要的意义。木材的含水率对木材的性质有很大的影响，因此为了方便对木材中的不同含水率状态进行描述，定义了饱水、生材、纤维饱和点、气干、窑干和绝干等几个典型的含水率状态，对应木材细胞腔和细胞壁中的水分存在状态。饱水状态是指木材达到最大水分容量的状态。生材状态则是新伐倒的木材所具有的含水率状态。纤维饱和点是指木材细胞壁中充满水分而细胞腔中不存在自由水的临界状态，是木材非常重要的水分指标。在纤维饱和点以下时，木材中的水分为吸着水；在纤维饱和点以上时，木材细胞腔中开始出现自由水。纤维饱和点在木材的性质方面也是一个很关键的转折点：在纤维饱和点以上时，含水率的变化不会引起木材尺寸的变化，木材的力学性质和电学性质也基本不会随着含水率的变化而变化；相反，在纤维饱和点以下时，含水率的变化不仅会引起木材的膨胀或收缩，而且力学性质和电学性质也会发生显著变化。通常，在纤维饱和点以下时，木材的大部分力学强度随着含水率的下降而增大，木材的电导率则随着含水率的下降而迅速下降。

木材平衡含水率也是一个在木材加工利用中非常重要的水分指标。由于木材具有吸放湿特性，当外界的温湿度条件发生变化时，木材能相应地从外界吸收水分或向外界释放水分，从而与外界达到一个新的水分平衡。木材在平衡状态时的含水率成为该温湿度条件下的平衡含水率。木材在加工成木制品（如家具和地板等）之前，必须干燥至与使用环境的大气条件相适应的平衡含水率水平，这样才可以避免因为使用环境的温湿度变化而导致的木制品的尺寸或形状的变化。如北京的平衡含水率均值为 11.4%，那么如果有制材厂向北京提供板材，其含水率应降低至 11.4% 以下。另外，在实际使用时对木材含水率的要求还与木制品的用途有关：在有的用途中，对尺寸稳定性的要求非常严格，对含水率的要求也相对较高。日常生活中，常见到家里的实木制品发生开裂变形的情况，这是由木材的干缩湿胀性质引起的。湿材因干燥缩减其尺寸的现象称为干缩；干材因吸收水分而增加其尺寸和体积的现象称为湿胀。干缩湿胀发生于木材纤维饱和点以下，也就是 30% 的含水率以下。干缩湿胀在木材不同方向上是不一样的。研究表明，木材在纤维方向即轴向的干缩率最小，仅为 0.1%～0.3%。这也是为什么木结构建筑能够屹立百年千年不倒的重要原因之一。木材弦向干缩值最大为 6%～12%，是径向干缩的 1～2 倍。因此，传统家具桌面或柜面的制作中通常要加上穿带来限制板面的变形。除此之外，把木材干燥到当地所对应的平衡含水率也可以减小干缩湿胀的发生。我们还可以用木蜡油或者漆制品对木材表面的空隙进行封堵，以减少水分进出木材内部，来加强木材在长期使用中的尺寸稳定性。

木材是一种黏弹性材料，其重要性质之一是在长期受力的情况下会产生蠕变和松弛现象。生活中我们常见到一些木建筑的桁架以及书架隔板会变得弯曲，这一现象对应的就是木材的蠕变性质；再就是打入木材的铁钉，随着时间的推移会变松，变得容易拔出。这也就解释了为什么有些传统榫卯接合的家具刚制作完成的时候结构非常稳固，但是用久了关节部分就会松动，使得家具整体结构变得松垮。因此，在家具的使用过程中我们应避免让家具承受过重的载荷，尽量减少搬动和推动家具，以及在制作家具时对榫卯连接处加胶黏剂进行辅助强化，这些措施都有助于延长家具的使用寿命。

由于木材是一种各向异性材料，它的力学强度在不同方向上差异比较大。因此对于木构件的制作，要特别关注其受力方向和纹理方向。木材的强度有顺纹强度和横纹强度之分。木材的顺纹强度比其横纹强度要大得多，应用上要充分利用木材的顺纹强度。从理论上来讲，木材强度中以顺纹抗拉强度为最大，其次是抗弯强度和抗压强度。横纹抗拉强度是很小的，为顺纹抗拉强度的 1/40～1/20，在应用中要避免使木材横纹受拉。因此，在家具构件的制作中，尤其是腿足支撑件的制作，要尽量保持其纹理通直，其受力方向是顺着纹理方向的。另外，也要避免在腿足等受力构件中夹杂节子等缺陷，这会显著削弱木构件的强度。因此，使用木材时一定要“顺木性”。

古代匠人在制作硬木家具时始终尊重木材的特性，尽量不改变木材固有的属性。因为一旦改变了木材的本质，它就不再是原来的木材了。那么，古代匠人是如何理解并利用木材特性的呢？木材是一种非常坚固的材料，其强度可以分为不同方向的抗拉强度、抗压强度、抗剪强度等。这些强度主要取决于木材的组成，包括纤维素、木质素和半纤维素等。纤维素分子通常沿着木材纤维的方向排列，而木质素分子则以氢键连接形成微纤丝，因此木质素的能量相对较小。这就解释了为什么木材的横纹抗拉强度远远低于顺纹抗拉强度。

此外，木材的干缩可能导致开裂，进一步减小了横纹抗拉强度。

因此，在明式硬木家具的构造中，无论是用于承重还是装饰，都只使用顺纹构件，而不使用横纹构件。横纹抗拉强度与木材的抗劈力成正比，故匠人通常使用顺纹裂解木材，以确保构件的稳定性。此外，在家具制作中，还采取了一些措施，如适度地利用木材的特性以避免构件的损坏。木材的抗压强度主要由木质素的含量决定。木质素赋予了木材硬度和刚性。木材的硬度和刚性越高，抗压强度也就越大。一般来说，抗压强度与木材的密度成正比。明式家具常使用高密度的硬木材料，甚至有些硬木在水中能下沉，因此可以推断各种硬木材料的抗压强度应该都很高。

木材的抗剪强度可分为两种：一是沿着纹理方向的顺纹抗剪强度；二是垂直于纹理方向的横纹抗剪强度。顺纹抗剪强度相对较低，通常只有横纹抗剪强度的 10%～30%。在实际使用中，横纹剪切很少发生，即使发生也通常伴随着横向的压缩和纤维的拉伸作用，而不是单纯的横纹剪切。然而，顺纹剪切却经常在构件的端头如腿和枨的榫肩部位出现。因此，尽管其影响较小，仍需谨慎对待。硬木通常是阔叶树木，其弦面剪切强度相对较高，比径面剪切强度高出 10%～30%。这个差异与木射线的发展程度有关，木射线越发达，弦切面与径切面之间的差异就越大。因此，在明式硬木家具的构件端头开榫时通常会选择弦切面剪切，这就要求匠师们具有精湛的技艺。此外，明式家具所使用的木材通常密度较大，因此硬度较高，属于刚性较强的材料。硬度高意味着塑性较小，这为制作精细的榫卯结构提供了有利条件。例如在穿销挂榫结构中，制作榫头只需加工 3～5 毫米的厚度，这只有硬度和刚性较高的木材才能够适用。然而，硬木的这种特性也限制了其用于制作大曲率曲线型构件的可能性。但聪明的匠师们并没有被硬木的塑性小的特点所困扰，他们在实践中发现，虽然不能像柳木那样使用“火煣”方法进行曲型加工，但可以充分利用硬度高、不易变形的特性来进行精密的连接和成型。例如在制作圈椅时采用的三接、五接做法，以及制作圆凳座面或托泥时采用的四接做法，这些都展现了匠人的独到智慧。

4.1.2 硬木与柴木

中国明清时期的家具之所以取得很高的成就，除设计造型风格突出、制作工艺精湛纯熟以外，也与其使用的材质有着密切的关系。材质的好坏不仅直接影响家具的寿命，还影响家具的表面艺术效果。传统家具材质分为两大类：第一类是硬木；第二类是柴木。

这里的硬木区别于木材科学里的硬木术语，后者指的是阔叶材。传统家具行当里的硬木主要指紫檀木、花梨木、鸡翅木、铁力木、乌木、红木等在明清时期多用于皇家宫廷或上层社会家具制作的材料。用这类材料制作的家具色泽优雅、纹理美观，故统称硬木家具。根据历史学界的研究，早在商周时期就已有使用黑檀木制作的车辕、家具等物品。唐代时，还将黑檀木制成礼器等物品作为国礼赠送给邻国日本，这些物品至今仍然珍藏于奈良正仓院。从隋唐时期开始，室内家具得以迅速丰富和发展。在这一发展过程中，黑檀、紫檀、花梨等木材的广泛应用起到了积极的推动作用。到了明代，海外贸易蓬勃发展，尤其是郑和七下西洋之后，南洋地区的紫檀木、乌木等坚硬珍贵木材大量进入中国市场，极大地促进了中国硬木家具的发展。由于对紫檀木的偏爱，明代就曾从南洋、越南引进大量紫檀木供皇家制作家具，以显示皇家气派；到明朝末年，南洋各地的优质紫檀木已基本采伐殆尽，因此，这些珍贵木材制成的家具成为皇族贵胄显示富贵的标志。有史料记载，清代也曾派人到南洋采过紫檀木，但大多粗不盈握、曲节不直，根本无法使用。这是因为紫檀木生长缓慢，非数百年不能成材，明末采伐殆尽，清时尚未成材，来源枯竭，其地位、价格更是不断上升。由于紫檀木的珍贵和稀缺，它们被专门供应给皇室使用，这使得紫檀家具在设计、制作工艺和技术方面都达到了极高水平。因此，紫檀家具代表着中国家具制作的巅峰，被誉为“美器良材”。

柴木，从名称上可以看出是比硬木材料档次低的木材。柴木主要包括楠木、榉木、樟木、榆木、黄杨木、核桃木、瘿木等。柴木在我国广大地区都有生产，因此价格低廉，民间广泛用来制作家具。柴木在材质的硬度上、纹理的细腻程度上、色泽的光亮上、雕刻的适应上，都不能与硬木相提并论，但榉木、核桃木等也能制作出良好的家具。本部分将介绍中国传统古典家具用材中主要的硬木和柴木种类。

4.1.2.1　硬木

紫檀木产于东南亚热带南洋群岛地区，我国两广、云南等地也有少量出产。早在公元 3 世纪，西晋的崔豹在《古今注》中就提及了紫檀木。此后，苏敬《唐本草》、苏颂《图经本草》、赵汝适《诸蕃志》、李贤《大明一统志》、曹昭《新增格古要论》、李时珍《本草纲目》、方以智《通雅》、屈大均《广东新语》、李调元《南越笔记》等书均有论及。在唐朝的历史记录中，我们可以找到有关紫檀木的记载。紫檀木曾经从广州港进口，并成为进口商品之一。唐代的诗歌中也留下了许多描述紫檀木的诗句。比如，张籍在《宫词》中描写了一个女子弹奏紫檀琵琶的场景：“黄金捍拨紫檀槽，弦索初张调更高。”孟浩然在《凉州词》中通过描述紫檀木的纹理，表达了深切的思念之情：“浑成紫檀金屑文，作得琵琶声入云。胡地迢迢三万里，那堪马上送明君。”据说，使用紫檀木制作的琵琶有着特别动人的音色，人们曾用“敲击紫檀如同敲击寒冷的玉石”来形容它的美妙音响。另外，日本的正仓院收藏了一把唐代五弦琵琶，其正反两面都装饰着精美的螺钿图案：背面有鸟蝶花卉和云形的装饰，花心和叶心涂抹着红色和碧绿的彩绘，还用金线勾勒；正面则配有紫檀木琴槽，用来保护拨弦的部分。

紫檀木在我国被认为是最名贵的木材，清宫里的家具绝大多数是紫檀木做的。紫檀木通常呈深褐色或深紫红色，有时带有黑色斑点或条纹。它具有非常密集和均匀的纹理，使得木材表面光滑而且具有自然的光泽。在各种硬木中，紫檀木质地最为致密，材料上有些部位肉眼几乎看不出木纹。同时，其分量也很重。而且，随着时间的推移，经过空气氧化，紫檀木会变得更加光亮、沉稳大气。在材性方面，紫檀木质地坚硬，密度大于水，尺寸稳定，变形很小，且具有优良的雕刻性能。另外，紫檀木贵重在于其大材很少，而且非常容易腐朽。老话讲“十檀九空”，因此物以稀为贵，就有了“一寸紫檀一寸金”的说法。

紫檀木材表

花梨木，色泽光润、纹理秀美、结构细腻、材质坚硬而厚重，有香味，锯解时芬芳四溢，地位、价值仅次于紫檀木，也是名贵的木材之一。花梨木，古人多写作花榈，或称榈木。它是明及清前期考究家具的主要材料，至清中期就很少使用了，可见当时木料来源已匮乏。花梨木分新花梨和老花梨。新花梨色彩赤黄，棕眼粗，没光泽，品质远不及老花梨。老花梨也称黄花梨，纹理非常漂亮，有的上面有“鬼脸”。“鬼脸”就是枝丫留在主干上的节子。黄花梨木无论颜色深浅，都以黄色为主调，在阳光照耀下能发出耀眼的金色光，色彩非常明快鲜艳。从这一点上来说，红木与紫檀木都无法与之相比。同时，黄花梨木的金黄色还能和其上深色的纹路组成各种奇妙的图案，天然美丽，这也是它吸引人的一个特色所在。材性方面，黄花梨木非常适于木工制作，刨制后木面光洁如玉，抗腐蚀性和抗冲击性都很强。另外，黄花梨木应力小，膨胀和收缩性都很小，基本不变形，有良好的雕刻性能，适合做一些镶嵌或其他特种装饰，所以很多黄花梨木制作的家具不需要再进行髹漆，更不用其他过多的装饰。黄花梨木还有一个大的优点就是材料大，这一点是紫檀木不具备的，因此非常适合做高级家具，是明清时宫廷内家具制作的首选木材。

花梨木材表

鸡翅木也是一种名贵木材，产于热带，如非洲的刚果、扎伊尔，我国的广东、海南也有出产。它的名字源于鸂鶒，这是一种非常漂亮的水鸟，形似鸳鸯。由此我们可以知道鸡翅木的纹理很好看，状似羽翅。这种木材的颜色随着光线变化会发生改变，有时紫褐色，有时暗红色。材质方面，鸡翅木的一个特点是坚

鸡翅木材表

硬，有“木里含沙石”之说。鸡翅木属红豆科，有40余种，在我国分布有26种，因此现存的家具中所使用的鸡翅木并不是只有一种木材。鸡翅木也有新老之分，根据老北京家具匠人们的讲述，新鸡翅木木质比较粗糙，纹理浑浊不清；而老鸡翅木肌理细腻，有紫褐色深浅相同的蟹爪纹理，尤其是在纵切面上。鸡翅木较花梨木、紫檀木等木材产量更少，木质纹理又独具特色，为世人所珍爱。

乌木材表

乌木也被称为“巫木”，产于海南、云南等地，叶子椭圆形，花淡黄色，果实球形，红黄色。其木质的颜色如黑漆一般，坚硬如铁。《古今注》中说：“巫木出交州，色黑有纹，亦谓之乌文木。”乌木并非单指一种，清代李调元《南越笔记》载：“乌木，琼州诸岛所产。土人折为箸，行用甚广。《志》称“乌木出海南，一名角乌，色纯黑，甚脆……其他类乌木者甚多，皆可作几杖。置水不沉，则非也。”材质方面，乌木纹理细腻、坚硬沉重，有的像紫檀一样可以沉水。乌木树比较小，没有大材，比较名贵，常用来做家具的边框或者局部芯板。乌木也可单一成器，以椅类或者其他小型家具器物为主，也有用于榻、香几的，例如颐和园畅观堂陈设有乌木文榻一张、乌木高香几一对；其余则多与色浅的木材配合使用。从宋朝的绘画及相关资料的记载中可以知道，宋朝乌木用于家具的情况比较普遍，特别是纤细灵动的茶室家具，小巧玲珑，沉静雅致。但明清时期关于乌木的记载比较少，以乌木作为主材用于整件家具制作的极为罕见，更多的是用在边框、座面芯或者用乌木做小匣子。

红木材表

中国对红木的应用历史可以追溯到晋朝，当时已有紫檀木的记录，但并未使用“红木”这个名称。红木这个词汇在明代之后才逐渐出现，并且最早的称谓与现今的标准定义不同。红木的广泛应用也是在明代之后，主要是因为郑和下西洋时带回了大量红木和其他高质量的硬木用于家具制造。然而，当时的家具并没有被称为“红木家具”，这个称谓出现得相对较晚。随着时间的推移，红木的定义也发生了变化，最初指的是特定的树种，后来演变成泛指一类或多类树种。红木被认为是中国传统硬木家具的主要原材料，也塑造了明清家具的国际声誉。红木的起源是历史长河中多元文化交流与整合的产物。红木也被称为酸枝木，产于热带南洋群岛，印度为主要产地，我国广东、云南也有少量出产。红木是现在最常见的一种硬木，但在清中期才被广泛使用，是在黄花梨木、老鸡翅木等日渐匮乏之后才大量进口的。明及清前期家具，不能说没有红木制者，但为数不多；有些虽为明式，乃是清代中晚期仿制的。故从研究明及清前期家具的角度来看，其重要性也是和前述的几种硬木无法相比的。材质方面，红木的纹理色泽、密度介于紫檀木和黄花梨木之间；但是红木不如紫檀木，其木性大，易变形，纹理粗，不适于雕刻。清代乾隆以后，紫檀木渐少，高档家具多用红木制作。

4.1.2.2 柴木

以下阐释一些柴木树种的属性。

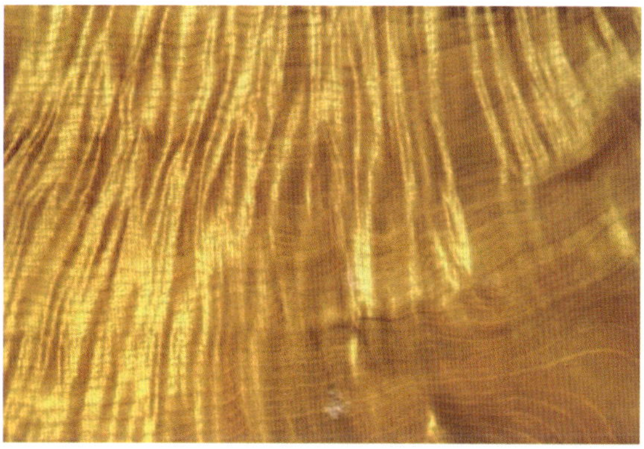

楠木材表

楠木产于我国云南、四川等地，是樟科楠属和润楠属各树种的统称。楠木常见的有三种：金丝楠、香楠和水楠。楠木属于大乔木，成熟后可高达 30 米，常用来造船和建造宫殿，是一种非常名贵的柴木树种。金丝楠木纹有金丝，在阳光照耀下夺目耀眼；香楠纹理漂亮，色偏紫，有香味；水楠质地松软，只能做一些小型家具。楠木呈浅橙黄略灰的颜色，色泽均匀，纹理淡雅，质地温润柔和，遇雨有阵阵幽香。楠木基本上不会伸缩变形，易加工，耐腐朽，是软性木材中最好的一种，因此被广泛运用到明清时期的宫廷建筑中。楠木因其产地范围小、木质坚硬耐腐蚀、生长周期长等原因而珍贵，其中又以金丝楠木最为珍贵。

榉木材表

榉木产于我国江苏、浙江，属榆科，落叶乔木，树高数丈，树皮坚硬，呈灰褐色，有粗皱纹，老木树皮似鳞片而剥落。榉木多见于南方，北方称为“南榆”。榉木虽然不是硬木，然而明式家具中却有不少是用榉木制作的。榉木的纹理、色彩与花梨木相似，故在传世家具中用榉木制作的家具在造型和制作手法上多仿明式花梨木家具的风格。榉木的材性特点是：材质坚硬，耐久性强，寿命长，纹理宽直、鲜明醒目，色泽近似花梨木。

樟木产于我国江西，红褐色，纹理细而无序，木性小，不易变形，适于雕刻，且具有

樟木材表

榆木材表

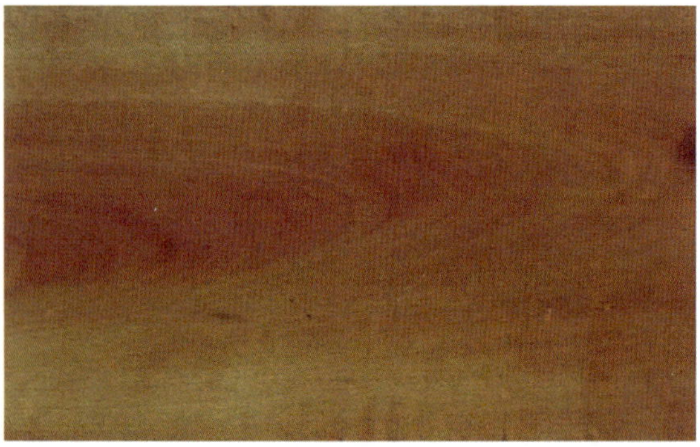

黄杨木材表

浓烈芳香，有防蚊虫的功效，常用来做衣箱。还可以利用其色泽纹理的特点来装饰不同材质的家具表面，产生相互映衬、对比变化的艺术效果。樟树的枝子、叶及木材均有樟脑气味，纹理美，材巨大，所以很得江南人士的喜爱，广泛用于建筑、家具中。我国的樟木箱扬名中外，多见衣箱、顶箱柜等家具型式；而桌椅类的樟木制品在北京比较多。另外，在古时的木器行当中，樟木依照形态可分为红樟、虎皮樟、黄樟等。鉴别樟木可以通过闻气味、看颜色等方式。正宗的樟木有淡淡的香味，掰开后里面仍有香味。优质的樟木是微黄色或者有点泛红，如果材表发黑则可能是次品或者假货。

榆木产于我国华北、东北地区，纹理粗直，质地也比较坚硬。榆木在北方民间家具的用材中是非常流行的。近几年，“老榆木”家具在家具市场中逐渐成为一种优良实木家具的代名词。

黄杨木为常绿乔木，四季不凋，叶初生似槐，不花不实。它是成长缓慢的木材，无大材。黄杨木的纹理细腻，色如蛋黄，常作为其他柴木家具的装饰用材。它镶嵌在深色材质家具上，颜色对比格外醒目，可以形成深浅有别、相互映衬的艺术效果。

核桃木产于我国华北、东北、西北、华中、华东等地。核桃木与楠木很接近，容易混淆。但核桃木的纹理要略粗一些，色泽接近金褐色。核桃木有“真核桃树”“满洲核桃树”“野核桃树”之分。真核桃树结可食用的核桃果，其边材颜色较浅，心材为栗子色或者带紫色，材质比较稳定，适合做家具，但是因为它是果木，所以一般很少作为家具用材。家具用材一般使用的是“满洲核桃树”。

瘿木不是某个树种的名称，而是各种树接近树根位置常常生长的一种树瘤，因为刨开之后具有特殊的纹样，面积不大，常用作局部的装饰。瘿木纹理有的像葡萄，有的像龟背，富有变化。

核桃木材表

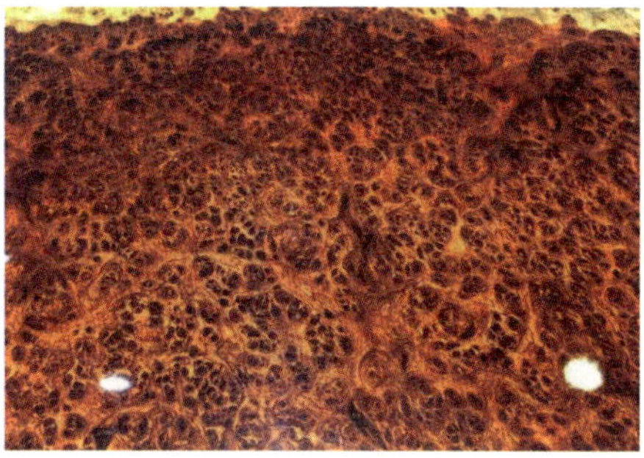

瘿木材表

4.2 辅　材

线脚、雕刻是传统家具常用的表面装饰工艺。雕刻有阴刻、浮雕、透雕以及它们之间的结合等，其表现力强、变化多，技法上也较为复杂。除此之外，镶嵌工艺也是家具表面装饰中重要的装饰手法。不同于雕刻是在基材上加工的减料过程，镶嵌涉及除基底材料以外的材质的使用。因此，镶嵌工艺所使用的材料归类于辅材。另外，一些金属配件也属于辅材。

4.2.1　饰面材料及金属配件

镶嵌包括“包镶”和“填嵌”。包镶就是用小木片或者其他材料拼成图案，作为家具的贴面。在苏州的西园里珍藏了一件“千拼桌”的大画案。在案的表面镶嵌了一层黄花梨的木片，共有 2 930 片，拼镶成冰绽纹，变幻中处处彰显精美和典雅。这就是一种包镶工艺。

填嵌工艺棋盘

填嵌是把家具表面按照需要镶嵌的纹样挖出槽、剔出沟，然后再把嵌件填入，依靠纹样和木材基底的差异构成装饰的图案。

嵌木常见的是瘿木，用于桌面芯、凳面芯、靠背板、橱门板等处。瘿木花纹细密，富有装饰性，而且不易开裂、胀缩，故大多用来制成板材镶嵌在明显的部位。如有的黄花梨宝座是用楠木的瘿木嵌出来的花纹，再如以楠木作为底子填嵌的黄花梨的花纹，使用的都是嵌木工艺。

把瓷片作为填嵌的材料有两种情况：一种是瓷片比较厚，用来做桌案或杌凳的面芯或者罗汉床屏风式围子的石板屏芯，如青花螭虎灵芝纹瓷片为面芯的圆凳；另一种是依照花纹的形象来烧制瓷片，用来镶嵌柜门或者屏风。可以全部以瓷片作为镶嵌材料，也可以将瓷片和其他材料结合使用。

嵌螺钿是以蚌类壳片作为填嵌材料的装饰手法，也有厚薄两种：漆木家具常用的是薄螺钿，硬木家具上用厚螺钿。明及清前期的家具中有一种更加名贵的嵌螺钿是“砗磲嵌”，它的壳色白中泛着黄。下图展示的是两件嵌螺钿家具：一件是清初的紫檀宝座脚踏，嵌团螭纹三窠；另一件是黄花梨的柜门嵌番莲纹，每片嵌片均以铜丝作为边线镶嵌，细枝和叶柄则是用单根铜丝镶嵌而成。

嵌螺钿家具

嵌骨家具

嵌骨、嵌牙、嵌犀角也是常见的装饰手法。常见的嵌骨家具多是宁波产的，不只在硬木家具上有此工艺，其他材质家具上也有。右图展示的是一件宁式花梨木储物箱，可以看到柜门板上镶嵌的是牛骨制成的图案。其工艺是先在木板上挖出 2 毫米深的图案，然后再将牛骨雕刻成对应图案，磨薄嵌入再黏合固定。有的传统家具会在表面镶嵌更加名贵的象牙和犀角制品，工艺与嵌骨相似。

用文木、玉石、珍珠、象牙、犀角、玳瑁、瓷片等各种珍贵材料共同嵌成的图案称为百宝嵌。百宝嵌绚丽华美的浮雕画面，珠光宝气，相映成辉，是其他装饰方法所不能达到的。左图展示的是一件紫檀木百宝嵌方角柜和一件清百宝嵌的小匣子，可以看出装饰非常精美。

明及清前期家具，尤其是制作考究的，大多是有漆里的。漆里的髹漆工艺和漆木家具的造法基本相同：先用漆灰填缝，然后上漆灰，再把织物糊上，接着上漆灰、再上色漆。只是二者每道工序的次数有多有少。做漆里所用的材料主要是生漆、苎麻、砖灰、熟漆和各种颜料。家具上做漆里主要是为了防止使用中发生木材开裂，以及防止箱柜被虫蛀，延长家具使用寿命。

百宝嵌工艺

金属配件作为辅材经常用于传统家具的装饰中。传统古典家具中使用的金属配件主要有铁制配件和铜制配件。铁制配件一般都是经过鋄金和鋄银工艺制造出花纹再使用的，灿烂华美。如鋄银饰件和鋄金饰件的黄花梨交椅，以及紫檀条桌上的鋄金的铁包角，就是铁制配件在家具上应用的实例。

铜制配件在家具上也是被大量使用的。素铜活是指铜制配件上没有其他的工艺装饰。也有在铜制配件上做鎏金、錾花、锤合等的装饰手法。鎏金是传统的镀金方式；錾花即在配件饰品上錾刻出花纹；锤合就是将红铜和白铜捶打在一起，利用不同的颜色做出花纹。

通常金属配件经过不同的金工处理所起到的装饰效果是次要的，装饰效果的呈现主要还是依靠饰件本身的形状和式样。金属配件主要被用于桌子或几类家具等的包角，以及柜子上合页、面叶、吊牌、门闩，还有抽屉的拉手或者拉环等。如黄花梨炕桌上面的云纹饰件，这种包角饰件有的只是包裹桌面四角，而有的连桌子的牙腿和束腰相连处的肩部也一并进行包裹。

柜子上的面叶、合页也有许多式样，有正圆形、长方形、葵花形、莲瓣形、云头形、寿字等。面叶上的吊牌形状非常丰富，有椭圆、长方形、古瓶、橄榄、双鱼、套环等。上面的扭头可以是方的，也可以是倒角的，而有的是光素的，也有上面錾刻花纹的，种类繁多。究竟什么样的器物配什么样的饰件，主要考虑饰件设计和家具造型的搭配性。

4.2.2 黏结材料

家具组装也称“攒活”，例如工匠将组装面板称为“攒面子”。组装之前通常需要“使鳔”，也就是在部件榫卯接合部位刷鳔。鳔胶的主要成分是生胶质、胶原蛋白和凝胶。鱼鳔胶是成年的大黄鱼鱼鳔经过加工处理后制得的胶料，俗称黄鱼胶。鱼鳔胶在冷水中会吸水膨胀，在热水中会受热熔化，所以它的最大特点是可逆性。黏接之处在鳔胶受热熔化后容易拆开，不会损坏榫卯结构。由于鳔胶的制作过程复杂并且熬制和凝固时间较长，因此目前很多家具制造企业用强度更高的化学胶代替鳔胶，造成结构上粗制滥造，单纯靠胶接合，出现“严不严、拿胶填”的现象。在老匠人看来，化学胶没有传统鳔胶的可逆性，结构不能再拆开的做法是“绝户活”，失去了传统家具榫卯结构的精髓。实际上榫卯接合之间的空隙要非常小，榫头插入卯眼中既可活动又不能活动空间太大，榫子插入一半时透过卯眼能刚刚看到榫头的缝隙，用匠人的话说就是“似见亮似不见亮”。

使鳔讲究“两口鳔”，两口指的是两边抹，也就是说榫头和卯眼都得抹到，并且要趁鳔胶有一定温度的时候抹，这样胶容易渗到木材孔隙内部。好的工匠做的家具既省鳔又严实，因为榫卯之间的空隙不是用胶堵严的，而是靠鳔搓严的。一件使好了鳔的活儿，用锤砸，即使木头砸折了，使过鳔的榫卯接合的部位也不会开。使鳔的鳔棍也有讲究，不能使用毛笔或刷子，要用跟圆珠笔差不多宽的藤条。把藤尖用热水泡开，泡上一段时间后用锤砸成毛笔头的形状，蘸着胶往卯眼里抹鳔。这样既均匀又不掉毛，而且耐热，干、湿都不会出问题。不同季节使鳔的稀稠不同，有“冬使稀，夏使稠，春秋两季使将就”的说法：冬天天气凉，鳔容易凝固，所以要稀一些；夏天热量不容易散出去，要使稠一点；春秋季节以用鳔棍一提刚刚能拉出线为好。过去匠人使用的鳔胶都是自己制作的，要经过选、泡、砸、滤、熬、晾等工序。

做鳔胶首先要准备原料，选料要讲究。河鱼的个头小，其鳔黏性不如海鱼。因此最好选择质地好的海生大黄鱼的鳔，干透备用。一般在霜降以后熬制鱼胶，因为这段时间空气冷而干燥，有利于胶的凝结和晾晒。天气太热胶不凝结，干得慢，而且容易变质，发臭发霉。将选好的鱼鳔放在清水里泡，发软后用剪子剪成尽可能多的小块，继续泡二十四小时。等鳔体变成烂软、通体发白的时候，从水里捞出来，攥干水分放在盘子里，在蒸笼里蒸三四十分钟后取一块用牙咬，感觉糯软、粘牙就可以了。接着泡鱼鳔，泡的时候先把鱼鳔浮头上脏的东西去掉，用温水泡一天半到两天，原材料有些黏度，里面没有硬芯，就泡透了。将胶取出后放在砧板上长时间地用锤砸，越碎越好，这样出胶率高。如果胶较干，可添加适量的开水。砸胶需要消耗大量体力，木器行里的老人常说“好汉子砸不了三两鳔”。因为这不仅是力气活，更要讲究技巧：用铁盔盛鳔，使铁杵砸，随砸随兑温水，砸到铁杵一提鳔浆能拉出线来才行。将打好的胶取出，用纱布包好放在铁碗中，一边泡一边挤压，反复进行，直至胶液全部渗透到碗中，剩下的鳔渣晾干可下次再用。把胶液上锅兑水熬。木匠工具箱里都装有“鳔锅”这种工具。锅分两层，内层盛胶水，用水的量全在于匠人的经验，放入胶后隔水加热。熬鳔至少需要十多个小时，因此不用分层的鳔锅，胶就很容易熬糊。最后就是晾晒了：用铜纱过滤后将胶液倒入大而平的容器中，待胶液呈果冻状而未完全凝固时，用小刀拉成小条，放在通风处晾晒，干硬的胶体放在密闭的器具中储存、备用。

虽然鳔胶在传统家具的制作中有诸多优势，但其胶接强度还是与现在常用的人工合成胶黏剂有不小的差距。随着科技的进步，现代木工胶黏剂种类越来越多，常用的有聚醋酸乙烯酯，也就是我们常说的白乳胶，还有酚醛胶、脲醛胶、环氧树脂胶黏剂等。与传统天然动植物胶黏剂相比，它们的胶接强度更高，而且防水、防潮、防霉、抗老化性能优异。例如白乳胶是一种水溶性的胶黏剂，使用安全、无毒、价格低、清洁方便，常温就可固化，固化后的胶层无色、韧性好，所以在现代实木家具的制作中被大量使用。

有些透榫组装后为了增强牢固度，还需要加楔子。通常一个卯眼需要两个楔子。楔子的制作很简单，可以用斧子直接劈出来。楔子做好后用锤子轮番敲击，挤进卯眼，最后用截锯将端头拉正、刮直。此外，需要注意的是木工师傅在“攒活”时，都会在平整的地面上进行，以便及时判别成品是否装正。如果在不平的地面上进行组装，由于受力不均，容易造成家具变形，等到家具组装完成后就很难再矫正了。

本章小结

主要内容

本章就传统家具常用木材的种类、木材的性质以及主要辅助材料的应用等进行了较为具体的论述；对其他材料如铁件、铜件、胶黏剂等做了简要介绍。学习本章的目的主要是掌握木材宏观特征及物理性能，掌握中国传统家具常用硬木和柴木的种类以及每种木材的主要纹理特征，能够进行简单的材质区分，了解常用的家具表面装饰工艺及材料、工艺方法与应用情况。

重点难点

1. 木材宏观构造特征的概念。
2. 三切面上木材呈现的主要宏观特征表现情况。
3. 木材的吸湿性、平衡含水率的概念和木材的干缩湿胀。

任务模块

思考任务

1. 分析传统家具常用格角工艺的原因。

2. 图文并茂地解释木材纹理特征的形成。
3. 说明传统家具的装饰特色及类型。

拓展任务

1. 观察弦切板和径切板表面纹理特征并绘制出来。
2. 分组调研中国古典民间家具的常用装饰材料。

设计任务

1. 创新设计一组基于传统装饰工艺的家具表面装饰作品。
2. 进行百宝嵌的传统工艺创新设计。

章节资源

1. 王世襄 . 明式家具研究（三联纪念本）[M]. 北京：生活 · 读书 · 新知 三联书店，2020.
2. 刘一星，赵广杰 . 木材学 [M]. 北京：中国林业出版社，2012.

5. 制作工具

Tools

技术与科学息息相关，并且多是通过工具的不断改进发展起来的。工具又是技术本身必然涉及的重要内容之一。技术及社会实践的需要，又反作用于工具，迫使工具进行革新和改进，以提高劳动效率和技术的精度，从而带动相应的加工技术的进步。木作技术是古代建筑及家具的重要内容之一。木作工具和木作技术的进步相互推动着彼此的发展。随着新型木作工具的涌现，新的木作技术有了更多发展的机会。反之亦然，不断进步的木作技术也会激发对工具的创新需求，迫使它们不断朝着更精密、更高效的方向发展，以提高工作效率和技术精度。工具的演进和人类社会中的其他方面一样，具有一定的传承性和延续性。当今的木作工具正是通过对传统工具的改进和演化而来的。工具的出现通常是为了满足特定需求，可能是提高效率、增加技术精度，或两者兼具。以中国木作工具发展历史为例，平木这一工序曾多次经历重大的工具变革，不仅影响了工具的使用和协调，还对整个建筑技术史产生了深远的影响。结合科技发展的大背景，我们可以更好地理解这些变革。换句话说，社会的生产需求，尤其是建筑领域的需求，推动了工具的创新和变革，进而促进了技术的进步。了解传统木作工具，对于传承和发扬中国传统木作技艺、实现传统技艺的现代化具有重要意义。

5.1 传统手工工具

《论语·卫灵公》中有这样一句话:“工欲善其事，必先利其器。”在造物时，必须有好的技术、好的工具才能够达到目的。历史上，各地不同文化的人们一直在探寻与其独特文化相契合的建筑形式。在东亚，土木结构一直是中国及受中国文化影响的邻国如日本和朝鲜等国古代建筑的核心。与之形成鲜明对比的是，古代西方主要采用石结构为基础的建筑体系。这种结构材料的差异以及中西文化的多样性等因素，导致了古代中西建筑技术和建筑艺术的显著差异。这种差异是通过人们的主观意识参与，通过工具对建筑材料进行加工和组装而实现的。中国古代建筑的演进明显受制于天然材料和人工，如木材、石材、土、砖和瓦的生产、加工技术及工艺能力。在这些材料中，木材、石材等结构性材料的加工工具和技术的角色及影响尤为重要。这些工具和加工技术的进步，直接推动了古代木作的发展和变革。与此同时，木作技术和社会需求的不断变化也对工具产生了影响，迫使人们对工具进行创新和改进，以提高工作效率或技术精度，从而促进了相应加工技术的发展。在漫长的建筑历史中，我国古代工匠积累了丰富的经验，包括对材料的认知、工具操作和使用技巧、工具本身的制造与加工技术等多个方面。这些经验通过师徒之间口头传承，在各个时代不断得到改进。研究建筑材料加工工具时，首先应当从近代仍在使用的传统手工工具入手，了解它们的形状、功能、性能、制造方法及操作方式，以便更全面地理解古代木作材料加工技术。只有这样，我们才能更深入地探讨传统手工工具的状况，从而更深入地了解古代木工技术史以及物质文化史。随着电气工业化的不断发展，电锯、电刨等工具的使用逐渐增多，传统手工工具逐渐被淘汰。整体地看，我国古代木工工具乃至其他生产工具在宋元以后基本成型，特别是清代中后期，传统手工工具的变化是非常小的。就木加工工具的发展演变而言，远古时代人类使用的工具包括骨器、角器以及石制的砍砸器、刮削器和尖状器等。随着新石器时代的到来，人们开始制造磨制的斧、铲、凿等石制品，并开始制造复合工具，使用骨钻、竹钻、角钻等工具进行加工。随后，这些工具逐渐分化，种类不断增多。工具的不断发展提高了人类对木材的加工能力，从原木砍伐到加工成材再到木作安装，每个工序都需要特定的工具。实际上，近代的木工工具分类非常详细，几乎每种工具都有其独特的用途或功能。有些工具虽然至今仍在使用，但它们的作用与以前相比已经有了很大的差异。例如，锛子现在只在北方和部分南方的山区使用，而在一些地方它的功能与斧子没有本质区别。然而，在中国古代的很长一段时间里，锛子却是一种重要的平木工具。研究传统手工工具时，需要从最原始的器型和材料加工程序等方面入手。木作工具属传统生产类工具，是木匠自制自用的专门器具。本部分根据木料加工处理程序的不同和加工精度的不同，将中国传统木作工具主要分为平木工具、凿木工具、锯木工具和画线工具四类。

5.1.1 平木工具

框锯发明以前，靠楔具等进行木料破解，这种工艺留下的粗加工痕迹是非常明显的，对平木工作量的需求是巨大的。框锯发明以后，锯割完成的木料表面很粗糙，其平整度达不到使用要求，因此也需要对构件表面进行平直和光滑的加工。所用到的主要切削木材的器具就是刨和锛，主要作用是保证工件表面的平整度，并达到各构件的设计尺寸。

在过去，锛一般用于原木大料两边放平，古代称为斤。斤就是锛，既可作兵器，也可以作农具和工具。在原始社会中，主要使用石锛作为平木工具，用于木料的砍削放平。之后由于青铜材料的发明和使用，青铜工具逐步取代石器成为主要的生产工具材料。青铜工具具有加工精细、锋利度高、硬度大等优点。我国曾出土过青铜锛、青铜斵、青铜斧等木材加工工具，其总体上沿袭了石器时代工具的特点，并有了更为丰富的分类和配套。这一时期，伐木工具主要使用铜斧，辅助以铜锛或者青铜锯；解木工具主要是铜斧、铜凿等；而木材表面主要用铜锛（斤）粗加工，再用铜锄、铜削等进行细加工。从春秋战国到魏晋南北朝时期，正值铁器工具快速演进的阶段。这一时期，中国由奴隶社会逐渐过渡到封建社会，社会体制发生巨大变革，生产力水平也显著提高。冶铁技术的进步在这个时期催生了铁制木工具，逐渐替代了青铜木工具，并迅速普及。特别是铁器中的"刨类"工具的使用、发展和完善，开始推动木作技术朝着更为精密化的方向发展，直接促进了小型木作家具的进步。

锛在大木作中应用较多，用锛子砍锛较大的木材平面时，砍出的面比斧砍出的平整，工效也高，有"一锛顶三斧"的说法。但是锛操作较难掌握，容易发生砍伤事故。锛子由锛柄和锛头组成，锛柄一般有成人的一臂长，锛头嵌装锛刃。锛刃通常为扁刃，即所谓的单面刃。因此锛的形状是正面平齐，背面微拱。锛的装柄方法与斧子类似，只是与斧子的柄向、刃的方向不同。锛柄的方向和刃口所在直线是互相垂直的，使用时向下向内用力。因此为了便于向内用力，有的锛柄做成曲形。锛的刃部一般做成弧形，宽于或等于器宽；銎口做成长方形、梯形。锛的长度多在 8～13 厘米，较长的不超过 20 厘米。按照器身与刃部的形制，锛分为多种类型：有的器身较窄长，开銎口顶端较宽；有的器身两侧自銎口向下微斜内收，刃与銎口宽度相近；有的器身属于窄长型等多种不同的形制。

在使用锛时，首先要检查木材上是否有铁钉或者裂缝中是否有砂石，清理干净之后才可以进行操作。其操作要点是：左手握住锛柄尾端并将肘部弯曲使其靠近胸部，右手握在锛柄的 1/3 处。先由木料的后端开始顺着木材纹理方向等距离地向前锛砍，当砍到木料前端时再按线向后锛削。使用锛时要侧身俯视墨线，还要根据木质硬度及锛刃的钝利来施加力道。先粗锛 3～5 下之后，再按墨线修砍平直面，砍锛一般要先从木材小头向着大头进行。需要注意，用力主要以小臂发力，不可大动，所以身体不能随着锛子上下摆动。再者，锛头刃口要锋利，锛柄要握牢，并及时清除积累的渣子。当锛削到脚前时，脚尖要翘起或者后退，以免伤到脚趾。

锛

传统家具制作中，平木工具主要使用刨子。刨子主体木质的台叫刨台，一般用坚重而韧性好的木材。刨台长易于刨平面，若用于凹凸处刨削，则长不如短。台的上面叫背，下面叫腹或诱导面，前后叫刨头、刨尾，左右称左侧、右侧。诱导面不是完全平面，为减少摩擦、保护刨刃，在前后的两端及近刃口处成一平面，其他部分稍凹下，以粗刨凹下最多，中刨次之，细刨则几乎没有。柄叫刨手，刨铁叫刨刃。对构件进行刨削前，应对刨刃进行磨光处理。刃口的磨光一般使用青石、细油石先对刃口进行定型，粗油石用于对年久失修的刨刃进行修正。磨光时握住刨刃中上部，将刨刃切削角斜面紧贴磨石平面，均匀用力推拉刨刃，防止将刨刃磨成弧形。贴着刨刃的斜面叫押，押角的倾斜度因刨子的用途不同而不同。如用于拼缝的长刨的倾斜度要小一些，用于净光表面的净刨和槽刨、起线刨的倾斜度要大一些。粗刨一般小于 41°，刨硬的木材倾斜度还要大一些，所谓“立一卧九，不推自走”，即刨刀垂直方向是一寸、水平方向九分，角度相当于 49°。刨软的木材，角度可减至 30°。刨刃现出诱导面的部分叫刃口，放置时应使诱导面向上，不用时将刨刃缩入刨台内以防损坏。刃口的前方经常刮磨，所以刃口前方要比刃口后方硬，一般镶嵌金属条，称为镶口铁，既可以保护刃口的锋利，又方便出刨花。有些刨刃上另有一块护铁，压在刨刃的距离为 0.5～1 毫米。刨刃的中央开有一沟，用螺旋装卸护铁，称为盖铁。盖铁的作用首先是固定刨刃与木头接触的部位，增加刨刃的稳定性，有利于切削；其次是利导刨花卷曲，避免起堑。固定刨刃的木片叫刨楔。安装刨刃时，要控制好刨楔与刨刃之间的松紧度，其间不能有缝隙。刨楔应选用与刨身一致的材料，以避免不同材质之间因干缩湿胀而产生变形。刨刃镶铜的一面叫刃里，反之叫刃表。和刃里成角度的面叫切刃，所成的角度叫刃角。刃角的大小一般以 25° 为适当，因木材软硬而调整。对于较硬的木材，刃角太小容易受损，刃角太大又不够锋利。刨刃的进退直接影响刨花的厚薄：刨刃伸出太多，推不过去；伸出太少，又刨不到木材。一般刨削硬木比刨削软木所伸出刨底平面的距离要大一些，具体应根据不同材质而定，以刨削出连续刨花为宜。粗刨刨刃露出刨底一线，细刨与合缝刨刨刃露出刨底一纸厚，中刨刨刃露出刨底的长度介于两者之间。调整刨刃进退时，左手使诱导面朝外与视线一致，食指按住刨刃，右手握槌轻击刨刃的头部可使刨刃出一些，轻击刨尾可使刨刃退一些。

刨子

刨子按刨刀的型面可分为平刨、槽刨、线刨、圆刨、弯刨等。平刨因为不同的加工要求又分为荒刨、长刨、大平刨、净刨等。荒刨又称为二虎头，长度为 250～300 毫米，作用是刨光粗料；长刨的长度为 400～500 毫米，作用是找直；大平刨用来拼板；净刨也叫细刨，长度为 150 毫米左右，用于细致刨削，处理戗茬纹，使表面平整光滑。戗茬纹俗名“豆瓣嵌”，指木材呈现斜纹及交错的纹理。有的木工用自制的刮刀，原理与净刨相同。刨削不同形状的圆弧和弯曲工件时使用一字刨。外圆刨用于刨凸圆面，如圆柱形的腿；内圆刨和外圆刨相反，刨台左右成圆形，用于刨凹圆面。反台刨的刨台前后成圆形，用于刨弧形板片。槽刨用来刨沟槽。线刨的形状很多，用来刨各种花式线条。

刨削前应先辨别木材纹理和木材表里。顺纹方向易刨削，容易刨出连续的刨花。刨削表面时，由材梢向材根方向刨；刨削里面时，由材根向材梢方向刨。刨料之前，先要用眼观察一下准备刨削的木材面上的凸凹程度，然后先刨削突出部分，使其大致平整后再按刨料线通长刨削。木工用眼力测定木料一般是先拿起料的端部，用右眼目测板平顶的近身一端到另一端，看是否平直；然后看平面的纵长线，两边线同合则材面平直、无翘曲。

5.1.2 凿木工具

凿木工具在家具制作中主要用来凿卯眼、削槽口以及雕刻。它是由碳钢、刃面镶接优质钢片制成的，也有全部用优质钢制成的。凿的上部装有硬质木材，例如青冈栎、黄檀等做成的木柄。

平凿

根据凿子刃口形状以及凿柄茎的特征，凿子主要分为平凿、圆凿、斜刃凿等。

平凿是最常用的木工工具之一，有宽刃凿、窄刃凿、轻便凿、扁凿、曲颈凿之分。

宽刃凿，连同木柄长度在 250～280 毫米，刃口宽度有 19 毫米、22 毫米、25 毫米等不同规格。因为它料大，刃部又宽又厚，所以是最坚硬的木工凿。刃的角度通常为 30°，适合于开凿宽的榫孔和深槽。

窄刃凿，连同木柄长度在 280～300 毫米，刃口宽度的规格有 3 毫米、4 毫米、6 毫米、8 毫米、10 毫米、13 毫米及 16 毫米，是木工开凿榫孔的专用工具。窄刃凿的刃角在 30° ～40°，使用时挑选适合的刃宽，加工出来即榫孔的宽度。窄刃凿的钢片通常比较厚，这一特点保证了开凿深孔的时候刃口不容易折弯折断。

轻便凿的长度连同木柄在 280～300 毫米，刃口的宽度在 12～25 毫米。从外形上看，它跟宽刃凿很像，刃口的角度通常在 15° ～20° 。轻便凿的凿身比宽刃凿薄，主要用于铲削，比如加工棱角、铲修表面以及安装合页铰链的时候铲出浅槽等。

扁凿，亦称扁铲，连同木柄可以达到 300～350 毫米。扁铲刃口的宽度有 13 毫米、

16 毫米、19 毫米、22 毫米、38 毫米等多种规格。扁凿的特征是：刀刃很薄，柄径比较细，长柄上不带箍，刃的角度为 20° ～25° ，这种角度适合切削榫孔的粗糙面以及修理榫肩、角、线等。

曲颈凿的特点是凿颈部的刃头向下弯，这种弯度对于切削槽内的平面来说特别方便。

圆凿是另一种木工凿大类。这种类型的凿子在木材加工中主要用来开凿榫孔和圆形的沟槽。圆凿按照切削刃口的部位又可以分为内圆凿和外圆凿。内圆凿刃口切削角度在内圆，外圆凿切削角度在外圆。圆凿的长度通常为 300～330 毫米，刃口宽度有 4 毫米、6 毫米、8 毫米、25 毫米等多种规格。内圆凿是用来切削圆形槽口的，而外圆凿主要用于凿圆孔和雕刻。

斜刃凿的凿刃是斜形的，又分为左斜和右斜以及大型和中型。斜刃凿的长度通常为 250 毫米。斜刃凿在木材加工中可做倒棱、剔槽和雕刻用，有时候还能用作车刀。

不同的凿用途不同，所以使用方法也不完全相同。下面我们简要介绍一般凿子的使用口诀和使用方法。

第一，锤要打准打平，凿要扶直扶正。所谓打准，就是要打正，让锤头的中心打在凿把的中心点上，否则容易滑脱把手打伤；所谓打平，就是指锤头与凿把的接触面要平，不要歪斜，才能受力均匀，也不会把凿把打坏。所谓扶直，就是扶着凿子的时候凿身与凿眼面基本要垂直；所谓扶正，就是将凿刃对正凿眼，不要错位。

第二，一楔晃三晃。右手击一两锤，凿刃打入木料一定深度后，必须暂停击打，改为用左手前后晃动凿子。如果只打不晃，就会越打越深，凿子就会被夹在榫眼中而不易拔出。

第三，前紧后跟，越凿越深。在凿卯眼时，每击打几下就必须向前移动一次凿子，叫“前紧后跟”。凿子在卯眼中越往前凿，进刃就越容易，这就是越凿越深的意思。

第四，凿半线留半线，合在一起整一线。开凿卯眼要和开榫相配合，如果开榫锯半线，凿眼也要凿去半线宽，两者合在一起宽度正好为一线。这样在组装时榫卯才会严密平整。如果开榫不留下墨线，那么凿眼时就要留下墨线，而不能凿半线留半线。

第五，打眼活，学晃凿，晃凿找线出好活。意思是要使凿眼位置准确、形状周正，必须学会晃着凿子找线。晃凿就是凿刃不离开木料表面，用左手轻摇凿把，利用凿刃的两个尖部作为支点，慢慢地把凿子晃到需要开凿的位置。只有掌握好这个技能，下凿才能更加准确、迅速。

第六，开榫眼，凿两面，先凿背再凿正。对于开凿贯通榫来说，一般要先把卯眼的背面打到一定深度，暂时不要把木渣子除掉，再翻过来打正面。这样可以有效避免眼端处木材劈裂。

第七，切削木材，扁铲当先。用凿子开凿榫眼之后，里面多数情况下是不整齐的，而且锯割的榫头也容易留下棱角和榫眼重台。另外，像榫肩线角的修理、门窗合页的安装，都需要对木料进行局部切削。此时切削工具应该以扁铲为主，有时有的部位还需要使用圆凿、圆铲和斜刀等工具配合处理。

5.1.3 锯木工具

先人在新石器时代已经开始使用齿状工具，通常被认为是锯，包括石锯、蚌锯和角骨锯等。而在青铜时代，刀锯成为主要工具，包括延续了石器时代风格的一体化刀形锯、加强了锯片刚度的夹背锯，以及能够进行粗细加工的双面锯等。到铁器时代早期，例如秦汉时期，刀锯技术已经相当成熟。刀锯作为早期木工的主要工具之一，一直延续使用至今，在某些地区（例如东北等）和某些特殊的木材加工情境中（如将大板裁割成小块）仍然可以看到其应用。其中，一些刀锯类型如双面锯和单面锯适用于木材的横向截割，也可以用于小块木料和板材的二次加工，但在处理大块木料时能力有限。与之不同的是刀形锯以及一些夹背锯，它们的刃或背部厚度不一致，因此不能深入木材太深，特别是夹背锯甚至无法进行断截操作，只适合用于切槽。这些不同类型的刀锯在木工领域各有其特定的用途和局限性。框锯首见于宋代张择端的绘画作品《清明上河图》中。据史料记载，框锯的实际出现时间在南北朝末期到隋末唐初之间，它的出现标志着我国绝大多数传统的民居建筑在木工方面的制作逐渐朝着更加精致和艺术化的方向发展。这一发展趋势对木工技术和木作艺术产生了深远的影响。中国国土广阔、民族众多、文化多元，因此，建筑种类或家具风格多种多样。框锯的形态演变是工匠们根据不同的木材加工需求，在长期的使用和实践中逐渐改进和完善的过程。这是人们对框锯技艺不断探索的体现，也反映了人们在民居建筑的各个组成部分上进行具体实践的结果，最终塑造了今天的框锯形态。这一演变过程是木作艺术和工艺发展的重要组成部分，反映了中国木作艺术多样性的丰富历史。锯削工具是制作木模的常用工具，种类很多，一般分为框锯、刀锯和弓形锯三种类型。下面将分别讲解它们的结构和操作方法。

框锯俗称拐子锯，是传统木作中最常用的一种锯削工具。它是由锯枴、锯梁、锯条、锯钮、锯绳、锯铰构成的。锯绳和锯铰，现在多用张紧螺栓和蝶形螺母等其他更现代的张紧方式代替。框锯可以细分为粗锯、中锯、细锯。

粗锯的锯片长度在 80～85 厘米，整个锯高可以达到近 1 米，一般是纵锯，主要用来将较厚的木材顺着纹理方向破成小木方或者木板。这种锯的锯齿比较稀疏，锯齿高度 3～4 毫米，每 25 毫米有 4～6 个齿。

中锯的锯片长度在 60～65 厘米，整个锯高在 70～75 厘米，一般是作为横锯来使用，即垂直于木材纹理方向将木方或者木板截断。也有作为顺锯使用的，用来锯剖较薄的木板。它的齿会稍微密一些，每 25 毫米有 7～9 个齿，齿高相比粗锯也要小一些，为 2.5～3 毫米。

细锯又被称为开榫锯，它的锯片长度通常在 50 厘米以下，锯高在 60 厘米以下。它既有纵锯又有横锯，在木作中主要用来开榫和拉肩。它的锯齿在三种锯中是最密集的，每25厘米有11～13个锯齿。

不同用途的锯，齿形也不尽相同。齿形的排布称作料路，木工的锯有两料路和三料路两种：两料路即将齿一左一右分别拨开，又称为“左右料路”或者“人字形料路”；三料路有两种排列方式，分别是“左中右”或者“左中右中”，中即代表了齿是不拨料的，而与锯刃在一个平面上。纵切锯即主要顺着木材纹理方向锯切木材的锯种，它的料路通常为左中右三料路。若要锯割潮湿木料或者是硬度比较大的木料，通常的料路为左中右中的齿形排列。用来横截木料的锯齿通常是人字形排列即左右左右形式。用于开榫的锯通常是小型的，因为需要高精度的加工，这种锯有两种形式：一种是“左中中右”，另一种是“左中中中右”。从理论上来说，最好选择左右两边都有锯齿的形式，因为这种锯齿的实际齿距较小，切削更加轻松，切削表面更加光滑，每个齿承担的切削量也更加均匀。然而，这种形式的锯导向性不如其他两种好，容易在切削时偏离轨道。这主要是因为手工拨料往往不够准确，导致锯料的不均匀分布，从而引发了切削偏差。同规格框锯下，左中右中料路的实际齿距通常大于左右料路，但小于左中中中右料路。这种形式的锯齿相对较小，左右分布均匀，导向性良好，能够稳定锯条，确保切割口平直。这进一步提高了切割表面的光洁度，降低了切削的难度，提高了切割质量和效率。至于左中中中右料路，其齿距最大，通常用于纵向切割湿木材或硬质木材。这种锯齿布局适用于特定的切割需求。

不同的切割方向除了需要调整料路以外，料度也是不一样的。所谓料度，就是锯齿尖向两侧的倾斜程度。料度大小的选择要考虑锯割构件材质的软硬、加工精度要求以及锯条的厚度等。一般纵割锯的料度为锯条厚度的0.8～1倍，横截锯的料度为锯条厚度的1～1.2倍。如果锯割潮湿的木料，料度需要适当调大。因为软材、湿材木料纤维弹性比较大，锯割时不仅费力，而且容易造成夹锯。另外，锯齿斜度也有区别。为了易于切割和排出锯屑，纵切锯的斜度通常约为80°，即锯齿前面所在的直线与锯条张紧方向的夹角为80°，相邻锯齿的前面和后面的夹角为60°。而横切锯的斜度为90°直角，即锯齿前面是垂直于锯条张紧方向的，相邻锯齿的前面和后面的夹角也是60°。实践表明，锯齿的大小和形状决定了锯割性能。小齿的框锯一般用于硬料加工，大齿则主要用于软料加工。小齿齿高较小，具有较好的刚性，锯割不易折刃，且具有较好的导向性，所以用于硬度较高的木料加工比较省力。大齿的框锯适合粗加工，小齿适合细加工。因此框锯也就有了粗锯和细锯之分。一般大齿适合纵剖，小齿适合横截。另外，锯齿的大小对锯割后的表面质量也有影响。例如小齿在连续锯割过程中每齿承担的锯割量比较小，因此锯割导向性好，不易发生偏斜，锯割后的表面质量较高。但是锯齿又不能太小，锯齿小齿室的体积就小，如果锯屑无法被容纳在齿室中，就会阻碍锯割的进行，使得锯割开始费力，此时动能也会比较多地转化成热能。影响齿室大小的还有齿高。在齿距一定的情况下，齿越大齿高越高，其排屑能力也越好；但齿高大容易造成锯割震动，刚度也不好，同样也不利于形成高质量切削。因此，在保证齿距刚度和顺利排屑的前提下，齿距越小越好，齿高越大越好。

刀锯的结构比较简单，是由锯片和锯把组成的。一般常用的刀锯有双刃刀锯、夹背刀锯、尖戳锯等几种形式。双刃刀锯的锯片两边都是锯齿，一般有大中小三种规格。双刃刀锯两边锯齿是不一样的，一边是顺锯齿形，另一边是横截锯齿形，所以这种双刃刀锯既可以顺着木纹锯削，又可以垂直于木纹方向锯削。双刃刀锯不受木材面宽度的限制，适用于锯削木材面较宽的木料。

夹背刀锯的锯片通常都比较薄，而且没有框锯的张紧机构，所以在刀锯背面加以钢夹背就是为了使锯片在锯削的过程中保持平直。夹背刀锯主要适用于薄而宽的木材的横截或者在芯板侧面上开槽。

尖戳锯或者叫开孔锯，它的锯条用 1.5～2 毫米的钢板制成，形状上很容易区分，其端头呈尖形，到手柄处逐渐加宽，锯齿比较细密，长度通常在 30 厘米左右。尖戳锯主要用于在薄的木板工件上锯削出各种形状的内孔。

弓形锯，或称钢丝锯，由负责张紧的竹片、铁制挂钩及钢丝锯条组成，结构比较简单，属于一种自制锯。竹片长度一般在 80～100 厘米，宽度 4.5 厘米左右，竹片两端各钻一个孔，一头挂上钢丝，另一头装上一个铁钩，钢丝锯条上的锯齿是用硬度更大的钢材剁出来的小齿。这种锯可以锯削曲线形，并且可从木板内部进行锯削。

锯的使用技巧如下：

第一，齿要尖，料要匀，使用不费力。首先在使用前要对锯齿进行检查，齿要尖，拨料要均匀，这样使用才能省力。检查方法是：用手指向上轻摸齿尖，如感觉“挂”手，则齿尖较锋利。也可以把锯翻过来观察齿尖，如齿尖上有金属发亮的白点，则说明锯已经钝了；反之则较为锋利。料要匀，是指锯齿拨料的大小要均匀一致。如果拨料不匀，使用时容易跑锯。

第二，轻提条，欢杀锯，锯锯不跑空。用拐子锯锯割木材，提锯时用力要轻，并使齿尖稍稍离开锯割面；送锯时要重，手、腕、肘、肩要同时用力，送锯要到头，不要只送半锯；每次送锯都要“吃”着料，锯锯不跑空。

第三，不别锯，不扭条，吃着墨线往下杀。送锯时要顺劲，锯条与水平面的角度一般为 60°～70°，一点一点把墨线吃掉。如发现跑线，不可硬别硬扭锯条，可稍稍减少锯身与水平面的角度，缓慢进行纠正。

第四，若要不跑线，两线并一线。就是说在送锯时要用眼睛盯住锯条与墨线，使锯条投影线与墨线重合，顺着墨线锯割下料。

第五，想要锯好料，掌握两个垂直最重要。即保持锯条的侧面与木材的表面垂直，保持整个锯条的纵长方向与下锯时木料的断面垂直，这样可避免跑锯和别锯。

第六，轻推重拉使刀锯，推拉抬压施巧技。使用刀锯锯割木材时推锯要轻，锯柄宜稍稍抬起，使齿尖离开锯割面；抽锯时锯柄稍稍压下，使全部齿尖着料，然后用力回拉。锯身要垂直前进，尤其是在使用弓形锯时，这样才能保证锯出的曲面整齐、弧度一致。

框锯和刀锯的锯齿需要拨料和伐齿，以确保锯齿锋利好用。拨料的方法有两种：一种是使用拨料器（又称为料拨子）进行分拨；另一种是使用小锤修料，将较短的锯料拨出。拨料器最简单的形式是由 3～8 毫米厚的钢板制成，上面按照不同锯条的厚度制造不同大小的缺口。另外，还可以使用旧刨刀，在两侧按照锯条的厚度分别切割出不同大小的缺口，作为拨料器的替代。在进行拨料时，左手的拇指、食指和小指要夹住拨料的锯齿附近，而右手则握住拨料器。根据锯齿的大小和锯条的厚度选择相应的缺口卡在锯齿上，然后向锯条两侧扳动拨料器。扳动的幅度需要符合锯料大小的要求。这些方法用于确保锯料的正确拨离。拨料通常在锯齿磨削后进行。

在进行拨料时，有几种可选的方法：一种方法是将锯条中部（总长度的 3/5 处）的锯料拨得较大，而将锯条两端部分（各占总长度的 1/5）的锯料拨得较小。另一种方法是只在锯条中部进行拨料，而保持两端不拨料。这些不同的拨料方式都有助于更好地排屑和提高锯割效率。还可以考虑将锯条一端的锯料拨得较大，而将另一端的锯料拨得较小。虽然这种方式锯割速度较慢，但不容易跑锯。无论采用哪种拨料方式，无论是“左右料路”还是“左中右料路”，都必须保持对称和均匀，否则会影响锯割速度和质量。如果左右锯料的倾斜度不对称，锯割构件时容易出现跑锯的情况，导致锯口偏向锯料斜度较大的一侧，进而影响锯割质量。因此，在同一根锯条上，要使用相同的拨料缺口，不要随意更换，以确保拨出的锯料均匀。此外，拨料时用力的大小应该保持一致。用力过大有时会导致锯齿破损，而用力太小则无法满足拨料的要求。因此，要确保用力适中，以获得最佳的拨料效果。

5.1.4　画线工具

画结构线的工具有铅笔、墨斗、竹笔、自由角尺、木匠尺、大方尺（拐尺）、卷尺、斜尺、曲尺、画线器等。

墨斗是画线的常用工具，它是中国传统木工行业中用于在木、石等材料上画直线的一种工具。它是画长线不可缺少的专用工具，轻便灵活，形式多样。墨斗由墨仓、线轮、墨线、墨签四部分构成，相传由鲁班发明。北方常见的墨斗是由一块整木雕刻而成。柳木根是制作墨斗的最好的材料，因为柳木的根轻但比较硬，磕磕碰碰也吃劲；另外它不容易变形，干了以后吃水、放水都比较好，稳定性也好。墨斗的结构是后部有一个手摇转动的轮，称为线轮，是用来缠墨线的。它的前端有一个圆斗状的墨仓，里边放有棉纱等絮状物，用来储存墨汁。墨线由木轮牵动，经墨仓蘸墨汁，由细孔这里牵出，固定其一端，像弹琴弦一样将木线提起弹下，使线上的墨汁弹在要画线的地方，形成笔直的黑线条，用完后转动线轮将墨线缠回，因而古代又称墨斗为“线墨”。墨斗造型、装饰各式各样，有桃形、鱼形、龙形等。

竹笔，常用竹片削成，也称为画线笔或墨签。竹笔作为墨斗的辅助工具，主要是用来画短线的。使用时需要靠在尺子上，这样线才能画得直。竹笔一般由韧性较好的竹子或者牛角制作而成，其长度约200毫米，上窄下宽，上部削细做把柄，下端宽15～18毫米，头部削成约40° 的斜角并切成梳齿状。制作竹笔时一般需用水将竹片泡软，切削时保持竹青一面平直，把竹黄一面削薄。这种梳齿状的丝条的好处是可以提高墨汁的吸收量。另外，竹丝的厚薄直接影响画出墨线的粗细。

自由角尺又称活尺，传统木作中通常使用木材制作，其长臂和短臂用销接合，两臂能够自由移动形成不同角度的夹角，是测量绘制各种斜角及嵌榫工作的用具。使用时，先将活尺两臂按照自己需要的角度调整好，然后左手握住尺柄紧贴木料基准面的直角边，右手拿着笔沿着活尺另一尺臂外边画线，即可得到想要的特定角度线条。

曲尺，又名方尺或角尺。古时人们把圆规和曲尺称为“规”和“矩”，有“没有规矩，不成方圆”的说法。曲尺有长臂和短臂两部分，臂上有刻度。通常两臂都用硬木制成，用竹钉或木钉固定。曲尺用于画90° 角的线以及检查角度是否为直角。比如刮料，一般新手未必能把角刮方，所以要用曲尺检验。所谓“料方不方问师傅”，这里所说的“师傅”就是曲尺。检查时把尺搁在部件呈90° 的角上来回拖动，目视木料的相邻两个面是否全部紧贴曲尺的内角。如果木料全长与尺子两个接触边都没有缝隙，就表示这个面与相邻面是直角了。

画线器又名线勒子，是画和一边平行的线所用的器具。画线器由靠板、尺杆、尺槽内螺母、垫铁、圆头螺丝组成，在尺杆画线端有斜刃。靠板和尺槽用干燥好的不易变形的硬木制成，尺杆在尺槽内可以活动，调整所需的尺寸大小，确定后由紧固圆头螺丝旋紧固定。在木料上画线时，靠板靠紧木料直边，顺木料直边略用力拉动即可画出离木料边宽窄一样的刃痕。因为画线端有斜刃，画出的刃痕明显并且易于加工。

人们在线勒子的基础上又发明了榫勒子，也是画线器的一种。它专门用于画木料上榫和孔的竖向线，比线勒子多了一个斜刃刀。使用时，调整两刃之间的间距等于榫或者孔的宽度，然后锁紧；勒线方法与线勒子一样，区别在于一遍可以画两条定宽的平行线。

总的来说，用画线器画线比用铅笔画线误差小，特别适合画木料加工中的平行线和净料加工中的卯眼线、榫头线、起槽线、前皮线等。

关于画线方法，首先要根据画线需要的长度将刨出的净料排放整齐，带有弯度的料对称排放。卯眼和榫头尽量避开节子或缺损部位。画线应先画竖料、腿料，再画横料、斜料；画竖料时考虑卧料的宽厚度，画卧料时考虑竖料；先画两头的截断线，再画中间的卯眼线；先画卯眼后画榫头，画卯眼时考虑榫头，画榫头看卯眼；画大面想后面，画小面想里面。而且框角榫卯接合处，互相错位要对清楚。画线时还需要经常应对弯材直用的情况，选料时根据加工构件的尺寸大小，结合原木的整体弯曲情况、纹理走向，避开材质有缺陷的部分进行正反两面弹线，将各线依次引到腹背以下。画侧面线时，墨斗当作铅垂线使用，两面都要打墨线。

5.2 现代电动工具

5.2.1 木工圆锯机

木工圆锯机是一种木工机械设备，其工作原理是通过旋转的圆锯片来持续切割木材，包括原木和板材。人类自古以来就使用带有锯齿的工具来切割木材。1777 年，荷兰人首次发明了木工圆锯机，这标志着木材切割方式的革命性变化。木工圆锯机被广泛应用于原木和板材的纵向、裁边以及横向切割等工序，同时也用于制材生产中，是主要的锯割设备。

木工圆锯机使用广泛、类型较多，按锯割木材纤维方向分类，可分为纵向木工圆锯机、横向木工圆锯机和万能木工圆锯机三大类；按加工的工艺特点分类，可分为原木圆锯机、再剖圆锯机、裁边圆锯机、截断圆锯机等；按锯片的数目分类，可分为单锯片的、双锯片的和多锯片的等。

木工圆锯机具有以下优点：结构简单、成本较低，维修和保养容易；切削速度快，适用于各种原材料和产品的加工；在处理小径原木时，采用毛方下锯法，圆锯相比框锯可以提高出材率。因此，它在制材和细木工作业中具有广泛的用途。然而，木工圆锯机也存在一些缺点：它的锯片工作不够稳定，锯路相对较宽，产生大量锯屑，导致木材损耗较大，锯材的尺寸精度较低，出材率比较低，与带锯机相比不占优势；另外，由于受到锯片直径的限制，不适宜用于锯割直径超过 50 厘米的大径原木，而修锯技术也较为复杂。

圆锯机

自 20 世纪 70 年代以来，工业领域的蓬勃发展和科学技术的快速进步，使木工圆锯机技术有了革命性的改变。新技术的应用促进了木工圆锯机精度、效率的显著提高，这些改进深刻地影响了生产效率、自动化水平、加工精度以及操作性能。其中，数显、数控和电子计算机技术的广泛应用是关键因素之一。这些技术的引入，使得操作员能够更准确地控制木工圆锯机的运行。数显技术提供了实时的切割参数，数控系统允许预先设置不同的切割模式，而电子计算机技术则增强了数据分析和处理的能力。这一系列技术的整合使得木工圆锯机的操作更为智能化，减少了人为误差，提高了加工的一致性和精度。另一个重要创新是锯片技术的改进。通过减小锯片厚度、提高锯片的稳定性和切割效率，木工圆锯机能够更快速、更有效地处理木材。这不仅提高了生产效率，还减少了木材的浪费，对环境友好和资源可持续利用产生积极影响。此外，自动化程度的提高也是一个显著趋势。自动送料系统、自动切割参数调整和自动切割模式切换等功能的引入，使木工圆锯机的操作更为便捷，减轻了工人的劳动强度。这些自动化功能提高了生产线的效率，降低了生产成本。20 世纪 70 年代以来的技术进步和创新，已经使木工圆锯机从相对传统的工具转变为高度现代化、智能化的生产设备。这种改进不仅提高了生产效率，还减少了资源浪费，对木材加工行业产生了深远的影响。未来，随着技术的不断发展，木工圆锯机有望继续提高其性能和功能，以满足不断变化的生产需求。

小型木工圆锯机主要构成部分有锯片、机身、工作台、升降机构、旋转机构、靠山、推把。不同品牌或不同型号的机型，各部分的尺寸及技术指标会有差异。

首先，圆锯机最重要的配件是锯片。锯片有各种大小不等的直径，它是木工圆锯机的主要参数，可以确定加工木料的厚度。在家具加工中常用到的木工锯片有 4 英寸、7 英寸、9 英寸、10 英寸、12 英寸、14 英寸等不同规格（需要注意，这里使用的是英制单位，如果换算成公制毫米单位需要乘以 25.4）。对于锯片的选择，我们要参考机器的加工能力，一般圆锯机都有锯片最大安装直径的限制，而且购买锯片时要注意锯片内孔的尺寸要与圆锯机主轴尺寸配套，否则不可使用。

锯片除了直径不同以外，锯齿的齿形及齿数也不尽相同，需按照锯切木料的方向来确定使用何种齿形的锯片。圆锯片的齿通常是硬质合金镶焊在锯片基体上。按照硬质合金齿的形状分类，主要有平齿、左右斜磨齿、梯形齿、左右斜磨齿加平齿等形式。若加工实木主要是纵剖即选择平齿或梯形齿，如果是横截木料则选用左右斜磨齿，而左右斜磨齿加平齿的组合适合综合加工。锯片的齿数有 40 齿、60 齿、80 齿等，齿数决定每齿进给量，齿数多了进给量少，可以提高表面加工质量；但是也意味着齿槽小了，锯片的容屑排屑能力小了，造成手动进给阻力增加，也会造成锯片温度升高、失稳等情况。所以一般选用 40 齿、60 齿即可。需要注意的是，锯片的安装一定要与主轴配套，并且要将夹持螺母锁紧，否则在高速运行中会非常危险。

圆锯机的工作台部分要保证平整，避免木料在推进过程中失稳。靠山系统主要是在加工中给工件提供侧向支撑以及提供侧向加工基准面。靠山是可以在工作台上左右滑动的，配合滑轨上的标尺就可以确定锯割木板的精确宽度。

工作台上有平行于锯片的滑槽，用来安装推把。推把的作用是在木材横向锯切时提供横向的基准面，而且推把角度可调，这样就可以锯割出需要的木材切口角度。在工作台下方是两个电机调整旋钮：一个控制电机升降与锯片升降，以适应不同的板厚；另一个调整锯片倾斜角度，也就是锯片与工作台的夹角。圆锯机通常还配有集尘口连接集尘机，及时将切削下来的木屑吸走，以减少工作粉尘。

对于一些大型圆锯机或推台锯，在工作台上还配有滑台，通过滑台夹持木料可以使切削更加稳定安全。

在使用圆锯机时一定要注意安全。由于机器转速高，锯片又极其锋利，不当的操作极易造成伤害事故。第一，操作前要检查锯片有无断齿、裂纹现象，并装好防护和安全装置，戴好防护眼镜以及防尘口罩。第二，锯片法兰盘的夹紧面必须平整，要严格垂直于主轴的旋转中心，同时保持锯片安装牢固。第三，锯割木料前要检查木材表面或裂纹中是否有钉子、石子等坚硬物，以防损伤锯齿甚至发生伤人事故。第四，操作时应站在锯片稍左的位置，不应与锯片站在同一直线上，以防木料弹出伤人。第五，送料不要用力过猛，木料应端平，不要摆动或抬高、压低；锯到木节处要放慢速度，并应注意防止木节弹出伤人。第六，纵向锯料时，料要紧靠导向板，不得偏移，锯片后方要安装分料刀；横向截料时，要对准墨线，端头要平齐；木料锯到尽头，不得用手推按，以防锯伤手指；如果条件允许，最好使用安全推把辅助送料。第七，木料若发生卡锯，推送不畅，要将锯停掉再做处理，开机时严禁清理工作台。第八，如果锯片高度可调，最好将锯片调整到露出木材表面 2～3 毫米，不要露出过多；操作过程中切记不要戴着手套，切割完成后要及时关闭电源确保安全。

5.2.2 木工带锯机

木工带锯机是一种具有悠久历史和广泛应用的木材加工机械，于 1808 年由英国工程师威廉·纽伯瑞发明。然而，当时锯条的制造和焊接技术还不够成熟，直到 50 年后法国才成功制造出用于生产的木工带锯机。尽管它相对于圆锯机和框锯机来说出现较晚，但它具有广泛的应用。

带锯机的主要优点之一是能够锯切特大直径的原木，以及采用特殊的下锯法来处理珍贵的树种木材。它所使用的薄锯条使得锯口宽度很小，仅为圆锯机的 1/3～1/2，从而节约了木材资源。此外，带锯机可以实现看材下锯，因此其出材率高于圆锯机和框锯机。带锯机的进料速度也相对较快，一般在 40～50 米 / 分钟；而在美国和加拿大，带锯机的进料速度已经达到 160～180 米 / 分钟（锯条宽度为 380 毫米，厚度为 3.5 毫米）。因此其具有生产率高的特点。然而，带锯机也存在一些缺点，其中之一是锯条的自由长度较大、锯条较薄，容易受热而产生振动和跑锯现象。这会影响锯切的精度和锯材的质量。此外，带锯机对操作技术的要求相对较高。由于其结构复杂、加工精度要求高，对维修锯条的技术水平要求也较高，因此需要操作工人具备一定的技术水平。

带锯机按用途可分为原木带锯机（将原木锯成方材）、再剖带锯机、细木工带锯机三种，在家具加工中通常使用后两种。带锯机按照安装形式分类，可以分为固定式和移动式。

细木工带锯机

固定式带锯机安装在牢固的钢筋混凝土的基础上，适用于固定制材；移动式带锯机安装于可以运行的机架上，由牵引机械牵引并作为带锯机的动力源进行流动制材，适用于采伐区或工地的简易加工。这里主要介绍细木工带锯机，俗称锯形机，主要用于较小部件的加工或外形成曲线部件的画线锯割。细木工带锯机是一种小型的带锯机，广泛用于家具及木模等工艺加工。这类机床结构简单，大部分采用手工进料，在大批量生产条件下可采用自动进料器或改装机械进料。但不论哪种带锯机，它们的基本结构都大体相同。细木工带锯机主要由机身支架、上锯轮、下锯轮和缠绕在两个锯轮之间的带锯条以及中间的工作台构成。

带锯机的工作原理是电机通过皮带带动下锯轮旋转，无端锯条在上下轮之间作单向运作，部件经手工推动被锯条切割。锯条较窄，可作直线及曲线加工，切面粗糙。

虽然带锯机和圆锯机都可以锯割木料，但是这两种机器的加工性能差异还是比较大的。通常圆锯机的转速要比带锯机快许多，因此从噪声上来说带锯机要比圆锯机小。圆锯机由于锯片直径的限制，对于较厚的木料需要剖料时就无能为力了，即使勉强可以加工，也是比较危险的；但是带锯机可以锯割厚木料。从安全操作的角度讲，圆锯机高转速操作不当极易发生工件反弹，容易造成人身伤害；但是带锯机的直线型锯割是不会发生工件反弹的，所以说操作上细木工带锯机要比圆锯机安全一些。另外，从加工精度及加工质量方面看，带锯机是不如圆锯机的。圆锯机锯出来的木料表面非常平整，通常不需要再进行刨平处理；但是带锯机由于齿形以及锯割运动中的微小震动，加工出来的木料表面是比较粗糙的，不能直接使用，还需要进行刨平处理，而且加工工件的尺寸精度也比圆锯机差。因此，锯割时我们需要根据加工目的和工艺要求选择合适的加工机械。

以下介绍带锯机的使用方法：

先检查机器是否运行平稳、各部件是否齐备及电机皮带松紧度等情况。

根据机器型号选用长短适宜、张力大小适当、锯齿锋利、无裂纹现象、接头焊接牢固、平整的锯条。装锯条时要注意方向，放下张紧弹簧使上锯轮下降，同时根据下锯轮在垂直面及水平面的位置进行精确调节：上锯轮水平方向通过蜗杆来调节，上锯轮垂直距离通过手轮来调节。挂上张紧弹簧，检查锯条松紧度，然后用手转动锯轮进行检查，要求是始终使锯齿露出锯轮 3～4 毫米，这样易于排锯灰，防止弄坏锯路。

调整锯卡与台面的距离，作用是控制锯条在规定范围内作直线运动，下锯卡装在机器台面下，上锯卡位置根据加工材料厚度来调节，一般距加工物上表面 40～50 毫米。上锯卡根据锯割规范调节不仅可以提高锯条稳定性，而且对于避免自身伤害有重要作用，因为它可以把多余的锯齿罩住而防止触碰。

调节后滑轮与锯条的距离（防锯条后退、掉条），一般离锯条 0.5～1 毫米为宜，然后关好防护罩。锯卡安装是否到位的标准是：正常加工时 3 个滑轮都能转动。

如果是自制的木块锯卡，要使木块端面贴近带锯条表面，两对木块分别装在工作台的上下处，同时要注意经常更换以保持对锯条的夹持度。

下面介绍细木工带锯机操作注意事项：

（1）操作前间断启动电机，锯条正常运转无异常，不发生跑锯掉锯，锯身无明显震动，说明可以作业。

（2）操作时站好马步，手不能离锯条太近，不能在锯条运转时紧固锯卡。

（3）进料要平稳，不能过快过猛。锯条在通过节子、转弯及锯到末尾处要减速，手要抓按紧材料。对弧度大的锯形部件可分几次锯割，画线锯形部件注意保留线条。锯割较长的部件时要两人配合操作。

（4）带锯在正常运转中突然发生锯条前后动，机器运转中发出破碎声或锯条随锯轮转动时前后移动，出现突然掉条等现象时需分析原因，及时处理。

（5）使用一段时间后，锯条上要擦抹柴油清洗，用铁刮锯轮，清除粘在锯条、锯轮上的木焦油、树脂，使锯条、锯轮延长使用时间，从而提高工效。

（6）带锯机不要长时间高负荷运行，需要每两小时歇一次机，以免机床张紧装置失灵或锯条发生热伸长，出现掉条现象。作业完毕，要放松锯条。待机器完全停止后，及时清理机器旁杂物、余料，并定期加油保养。

5.2.3　平刨床与压刨床

刨床电动机械是用于把毛料加工成精确的尺寸和要求的截面形状以及光洁的表面的一种机械。这类机床绝大部分采用纵向铣削方式加工，只有少数采用刨削方式进行加工。前者也可称为纵向铣削机床，但在生产中习惯上都称为刨床。

平刨床

根据不同的工艺用途，刨床可分为平刨床、压刨床、多面刨床和精光刨床等。平刨床可以精确地刨平工件粗糙、翘曲不平的表面，使被加工表面成为后继工序所要求的基准面，也可以使基准面和其相邻边之间刨成一定的角度，相邻边可以作为辅助基准面。平刨床可分为手工进给平刨床和机械进给平刨床两种类型。手工进给平刨床主要用于加工工件的单一表面，但也可以升级配备自动进料和边刨刀轴等附加功能。而机械进给平刨床则有不同的变体，包括单轴和双轴类型，其中双轴平刨床通常采用直角布局。这种双轴平刨床的独特之处在于它可以同时加工工件相邻的两个表面，保持它们之间的夹角精确（通常为直角）。此技术有助于提高工件的加工精度和质量。

原始材料的表面通常较为粗糙，并可能存在一定程度的弯曲和翘曲，在对这些原始材料进行刨削加工时，前工作台的稳定性直接影响着工件的加工精度。在处理弯曲的原始材料时，通常会选择其表面中凹的一侧作为基准面。如果原材料的下表面中凹长度小于前工作台的长度，那么在刨削过程中，工件表面上的若干支点在工作台上形成的支撑面高度位置相对稳定，可以获得较为精确的平面。然而，当原材料的长度超过前工作台的长度且下表面中凹时，随着原材料向前移动，后部逐渐升高，导致在前工作台上的支撑面不稳定，从而会影响加工出的平面的平直度。支撑面高度位置的不稳定性主要受原材料长度、厚度、表面粗糙度及翘曲程度等因素的影响。当原材料继续向前移动并通过刀轴加工一定长度后（通常为200～300毫米），操作人员会将加压点移到后工作台上。这时，刨削是以后工作台作为基准面进行的，原材料前部的已加工平面已经是平整平面，可以作为基准面保证刨削过程的平稳，因此工件的加工表面能够变得相当平直。然而，由于初始刨削时原材料支撑面的不稳定性，通常需要多次加工才能获得完全精确的平面。随着加工次数的增加，不均匀的原材料基准面会逐渐被刨平，从而获得更精确的平面。

目前，手工进给的平刨床占绝大多数，按照平刨床的最大刨削宽度可分为轻型的（200～400毫米）、中型的（500～700毫米）和重型的（800～900毫米）三类。铸铁床身是平刨床各部件的支撑体，需要具有足够的强度和刚度，以满足机床防振的要求。平刨床床身也有采用焊接等结构的。工作台是被刨削工件的加工基准，它应具有足够的刚度，要求表面光滑，一般都用铸铁制成，也有采用钢板的。工作台宽度取决于被加工毛料的宽度，一般在200～800毫米。前工作台对毛料获得精确的平面影响较大，所以其长度比后工作台要长，调整前后工作台位置时，前工作台要比刀轴切削圆的顶端母线低一些，两者高度差决定刨削的厚度。后工作台在生产中调整到与刀轴切削圆的顶端母线同高的位置或略低的位置（最佳），低约0.04毫米，以适应木材的弹性回复。

工作台升降调节机构通常有两种：一种是通过丝杆螺母沿燕尾形导轨调节的升降机构；另一种是杠杆偏心轴调节机构。前一种结构简单，但是调节灵活度不如偏心轴调节机构；而偏心轴调节机构的工作台四个角的高度可以通过螺母进行单独调节，这方便校平工作台面。

中间刀锯部分叫切削刀轴，一般为圆柱形，其长度比工作台宽度长10～20毫米，直径常为125毫米左右。在刀轴上安装的刀片通常有直刀和螺旋刀。如果是直刀，刀数一般为2片，较少用4片。更高级的刀轴采用螺旋刀片，这种刀具切削噪声小，而且刀片可以旋转或替换，容易替换受损的刀刃。

导尺或者靠山是用来引导毛料的，具有较好的平直度，并可做左右移动和倾斜一定角度的调整。

手工进给平刨床的生产率低，但加工质量能满足工艺要求。其主要缺点是劳动强度大，操作安全性差以及噪声大，影响工人的安全生产和身体健康。手工进给平刨床加工毛料时，操作人员的手总是要通过高速旋转的刀轴，危险性极大，导致工伤事故多发。所以为了防止伤害，平刨床在刀轴上方安装有防护罩，另一种防护措施是在推送木料时使用推把。

操作平刨床时必须严格遵守安全操作规程。加工工件时，首先应对被加工工件进行观察，确定操作方法。如果毛料是弯曲的，要凹面向下通过刨刀。送料时右手握住工件的尾部，左手按压工件中部，紧贴导尺向前推送。当右手距刨口 10 厘米时，即应抬起右手靠左手推送。在操作中应随着工件的移动调换双手。当遇到节疤、纹理不顺、材质坚硬、刨刀不锋利时，会因力的冲击使工件产生振动，操作人员要特别注意，应适当减慢进料速度，尽量顺纹刨削，防止发生危险。

压刨床与平刨床最大的区别在于刨刀相对于工件的位置，平刨的刨刀在工件下方，压刨的刨刀在工件上方，平刨的加工面是基准面，而压刨的加工面是基准面的相对面。

压刨床

压刨床用于将方材和板材铣削成一定厚度，以及加工到所需要的表面质量。其按照加工宽度可分为：窄型，加工宽度为 250～350 毫米，用于加工方木零件；中型，加工宽度为 400～700 毫米；宽型，加工宽度为 800～1 200 毫米，用于加工板材或框形零件，还有的加工宽度达 1 800 毫米。这里所讲的压刨床属于窄型单面压刨床，它的结构简单、价格便宜、生产率较低，适合于小型木材加工使用。

在压刨床下方工作台上装有两个空转滚筒，在滚筒的上方装有前进给滚筒和后进给滚筒。有些压刨床的上、下滚都是驱动滚筒，因此，进给牵引力较大。一般压刨床上方前进给滚筒是带槽纹的，上方后进给滚筒因为要和被加工过的工件表面接触，所以做成光滑的。为了使进给滚筒压向工件产生牵引力，会采用压紧机构。在刀轴的前、后有压紧元件。压紧装置连带挡板用于防止切屑从上面落到后压紧器和后进给滚筒之间的已加工表面，防止刨花粘在后进给滚筒上导致木料的已加工表面被压出痕迹，影响加工表面质量。为了防止工件在进给方向上反弹，压刨床必须安装止逆器，起到安全保护作用。

本章小结

主要内容

本章主要介绍了木工工具的应用和功能。现代木工工具的发展使得木工工作更加高效、精确和安全。我们首先探讨了常见的手工木工工具，如锯子、刨子、凿子等。这些工具可以帮助木工进行精确的切割、修整和雕刻。随着技术的进步，机械化工具成为现代木工工作中不可或缺的部分。本章还详细阐释了圆锯机、带锯机、平刨床与压刨床等工具的功能和用途。这些电动工具提供了更高的速度和精度，使得木工工作更加高效和容易上手。总体而言，木工工具的发展为木工行业带来了巨大的便利和效率提升，使得木工工作变得更加可靠和富有创造性。

重点难点

1. 平推刨的使用方法。
2. 平推刨刨刀、押角等角度值与适用材性之间的联系。
3. 不同种类现代木工工具的结构构成，以及各部件的使用方法。

任务模块

思考任务

1. 说明传统木作工具框锯的操作方式和调修方法。
2. 传统木作工具在现代木工中的应用是否需要改进？若需要，请提出改进建议。

拓展任务

1. 平木工具除了中国的中式刨以外还有日式刨和西式刨，请说明这三种刨型的区别和联系。

2. 一个小规模木工坊，可以实现简单家具的定制加工。思考这个木工坊应该具备哪些工具配套组合。

设计任务

在传统中式刨基础上对平推刨进行创新设计。

章节资源

1. 薛坤 . 京作硬木家具 · 李永芳 [M]. 深圳：海天出版社，2017.
2. 王寿华，王比君 . 木工手册 [M]. 北京：中国建筑工业出版社，1990.
3. 花军 . 现代木工机床结构 [M]. 哈尔滨：东北林业大学出版社，2006.

6. 木作的传承与创作

Inheritance and Creation in Woodworking

6.1 现代手造与木作传承

6.1.1 斗拱制作

6.1.1.1 斗拱介绍

斗拱类别：单翘单昂平身科五踩斗拱（清）。

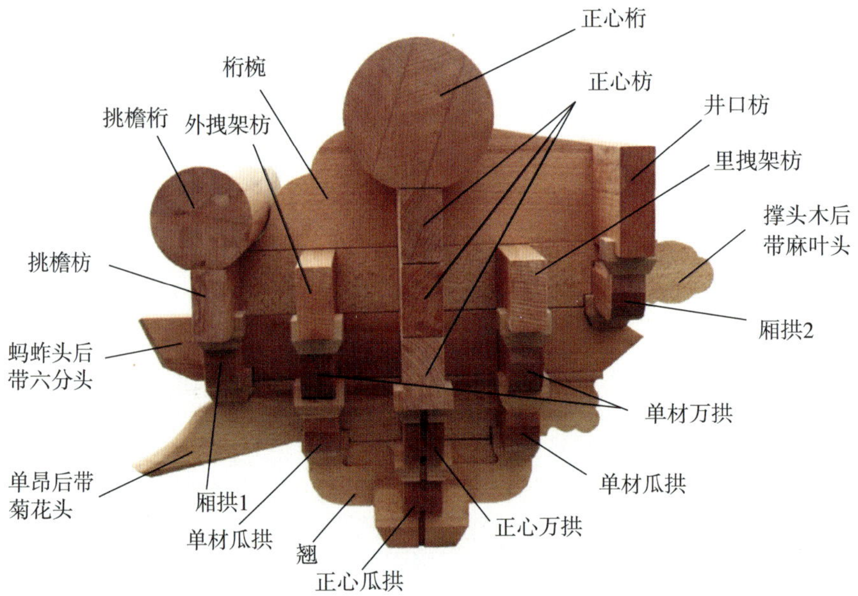

单翘单昂平身科五踩斗拱（清）

背景介绍：斗拱是我国传统木结构建筑体系的一个重要组成部分，是我国传统木结构建筑中最具特色的建筑构件。斗拱是安装在古建筑柱头、额枋之上，屋檐檩、椽之下的一个构造层，由多根纵横交错的构件组成为一组（宋称朵，清称攒）；按位置，多组不同种类的斗拱在古建筑柱头、额枋之上，屋檐檩、椽之下相互组合成为一个整体的构造层。斗拱由五部分构成：斗、拱、枋、昂、其他类构件。

斗是拱、枋之间的斗形垫木，起传递荷载及装饰作用，如坐斗、十八斗、槽升子、三才升。

拱是斗拱中的横向构件，形似人双手托举，起传递荷载及装饰作用，如正心瓜拱、正心万拱、单材瓜拱、单材万拱、厢拱。

枋是斗拱中的横向构件，起传递荷载及相互拉结作用，如正心枋、里拽架枋、外拽架枋、挑檐枋、井口枋。

昂是斗拱中的纵向构件，起加大屋檐出挑、传递荷载及装饰作用，如翘、昂、蚂蚱头（耍头）、撑头木、桁椀。

其他类构件，包括挑檐桁、正心桁、盖斗板、斜斗板、垫拱板。

材料：榉木。

主要工具：

测量画线工具：直角尺、卷尺、45° 多功能尺、画线器、铅笔。

切割打孔工具：带锯、手工锯、手持曲线锯、电钻、钻头、斧头、凿子、锤子。

固定工具：台钳、木工夹（F 夹、G 型夹）。

打磨、修边工具：砂带机、修边机、板锉、砂纸。

斗拱模型材料清单

序号	类别	名称	长 × 宽 × 厚（mm）	数量
1	斗类	坐斗	89 × 89 × 60	1
2		十八斗	52 × 29 × 44	4
3		槽升子	50 × 29 × 29	4
4		三才升	38 × 44 × 29	12
5	拱类	正心瓜拱	185 × 35 × 59	1
6		正心万拱	279 × 58 × 34	1
7		单材瓜拱	186 × 41 × 29	2
8		单材万拱	241 × 41 × 29	2
9		厢拱 1	186 × 41 × 29	1
10		厢拱 2	241 × 41 × 29	1
11	枋类	正心枋	340 × 59 × 29	3
12		里拽架枋	346 × 29 × 59	1
13		外拽架枋	346 × 29 × 59	1
14		挑檐枋	346 × 29 × 59	1
15		井口枋	347 × 89 × 29	1

续表

序号	类别	名称	长 × 宽 × 厚（mm）	数量
16	昂类	翘	214 × 59 × 29	1
17		单昂后带菊花头	450 × 92 × 29	1
18		蚂蚱头后带六分头(要头）	480 × 59 × 29	1
19		撑头木后带麻叶头	458 × 59 × 29	1
20		桁椀	340 × 29 × 112	1
21	其他类	挑檐桁	347 × ϕ 82.5	1
22		正心桁	347 × ϕ 117	1
合计零部件数量				43

6.1.1.2 制作过程

（1）斗。

案例：坐斗，又称大斗。

制作工具：直角尺、卷尺、铅笔、带锯、斧头、凿子、F 夹、台钳、砂带机。

制作材料：榉木 89mm × 89mm × 60mm。

制作工具展示

制作材料

制作过程：

1）画线：用铅笔、直角尺和卷尺在木材上画出线稿，进行定位。

画线

2）开槽：先用带锯在需要开槽的位置锯出边线，再将内部需要剔除的部分用带锯开出多条辅助的槽线，方便后面剔除。

开槽

将工件用 F 夹固定到工作台上，然后用斧头敲击凿子，将槽线内部多余部分剔除。

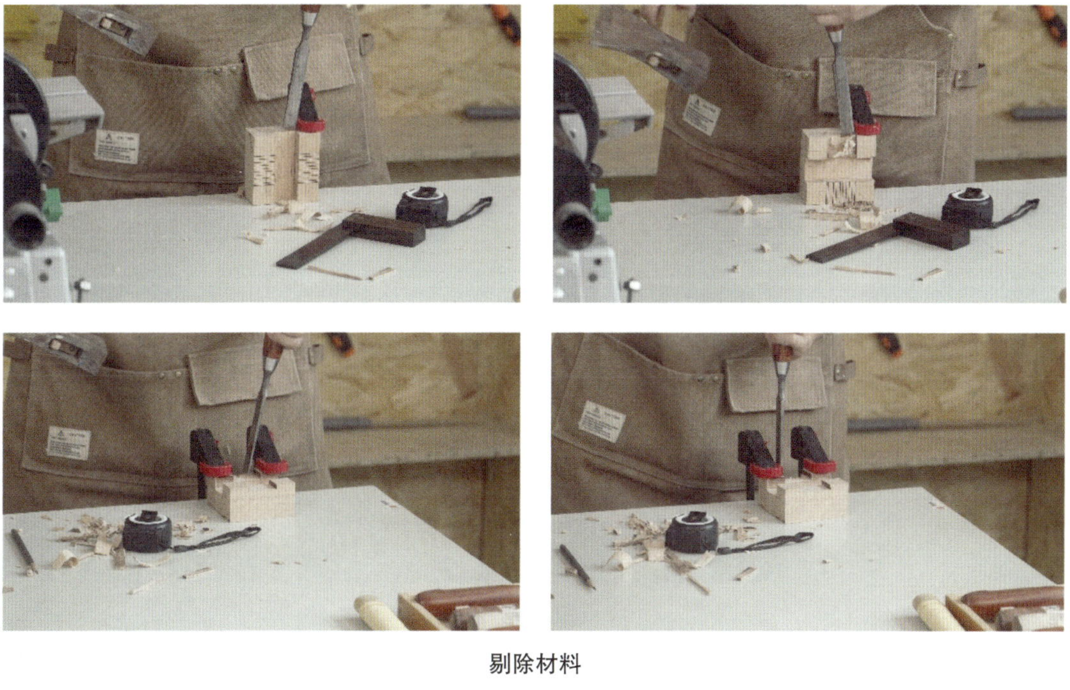

剔除材料

将工件固定到台钳上，用凿子对工件的内部进行精细处理，去除粗糙的部分。

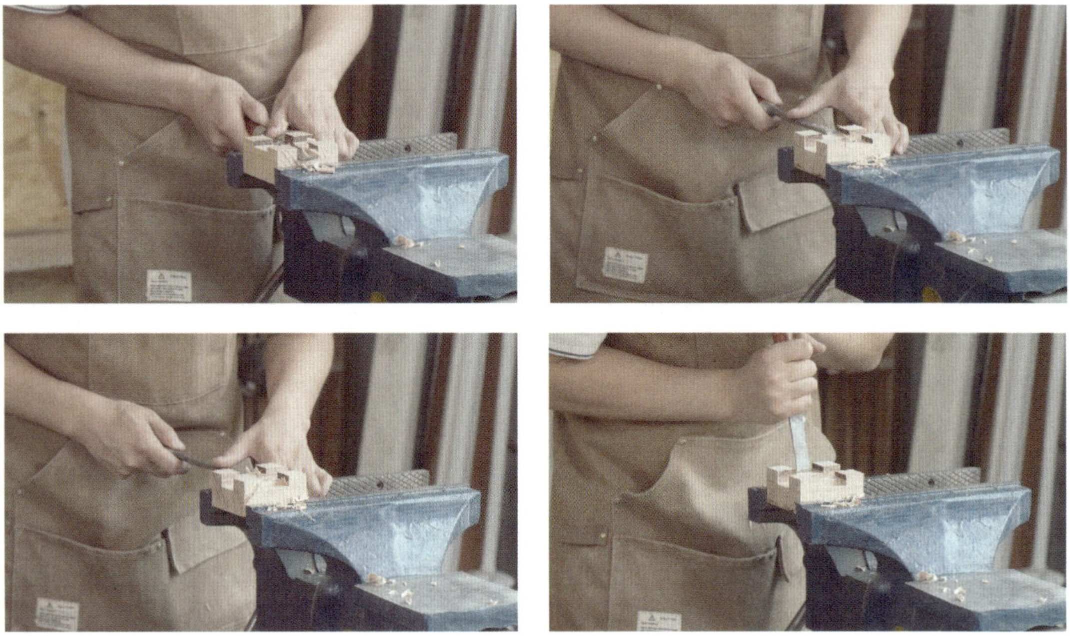

精细处理

3）倒边角：用砂带机对工件进行打磨，倒出斜边。

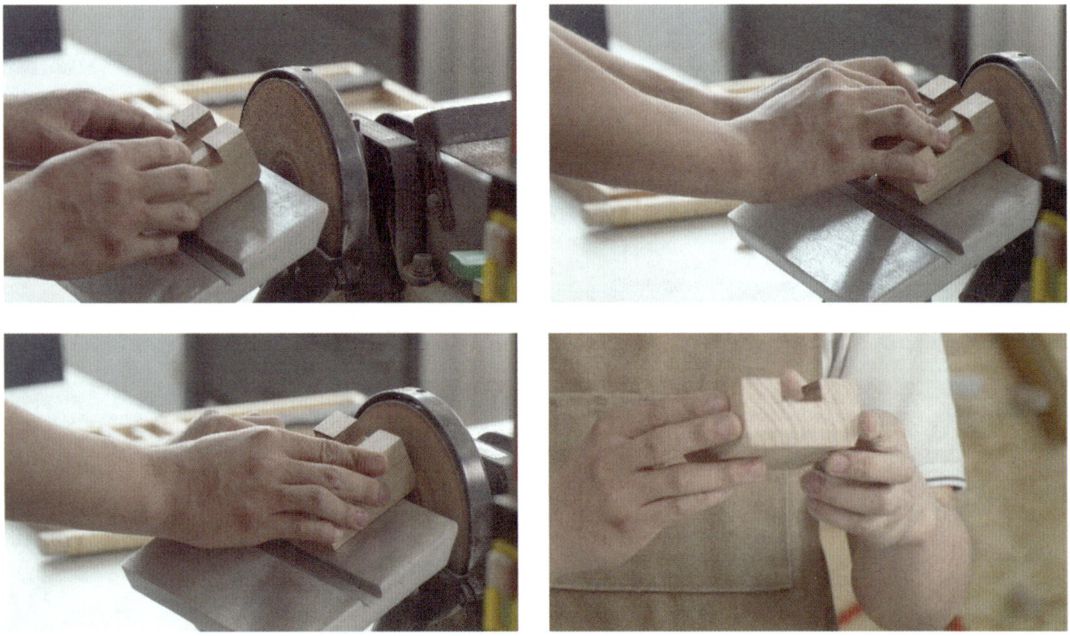

倒边角

成品展示

案例：三才升。

制作工具：直角尺、卷尺、铅笔、带锯、斧头、凿子、台钳、电钻、砂带机。

制作材料：榉木 38mm × 44mm × 29mm。

制作工具展示

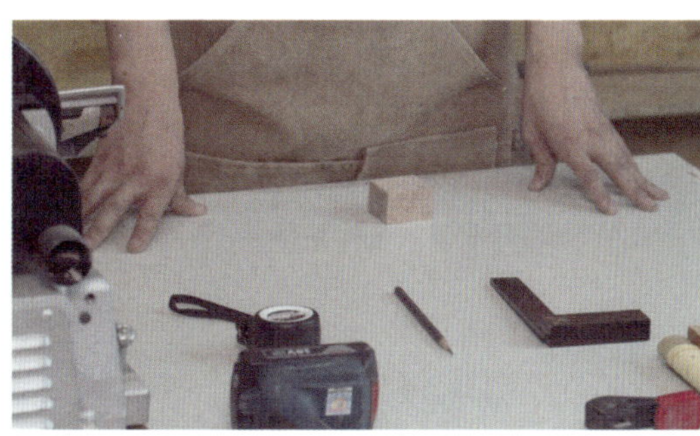

制作材料

制作过程：

1）画线：用铅笔、直角尺在木材上画出线稿定位。

2）开槽：先用带锯在需要开槽的位置锯出边线，再将内部需要剔除的部分用带锯开出多条辅助的槽线，方便后面剔除。

将工件固定到台钳上，用凿子将槽线内部多余部分剔除。

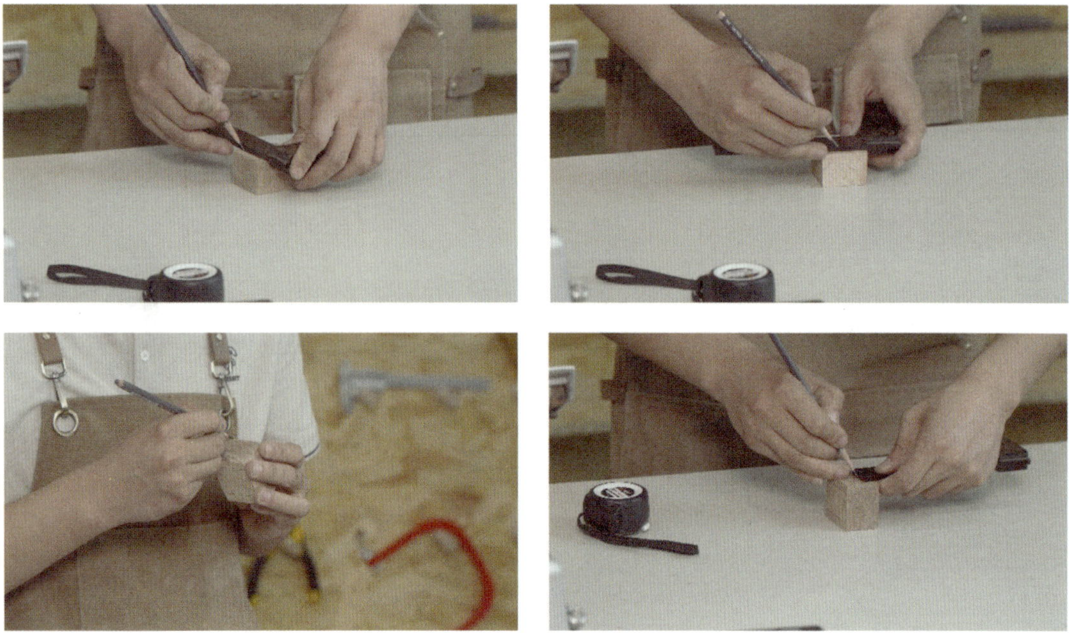

画线

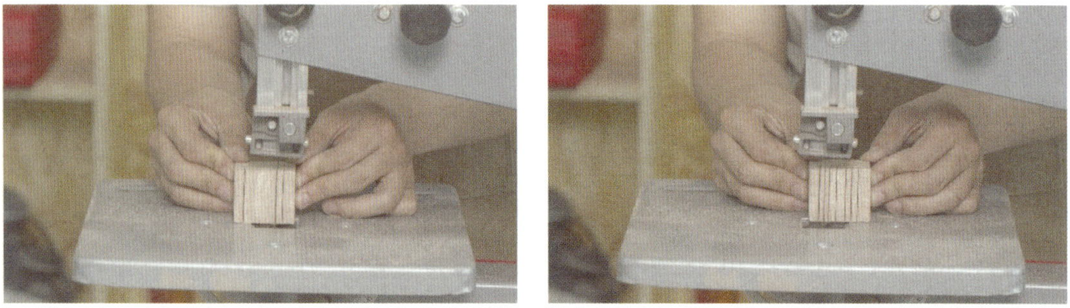

开槽

剔除材料

用斧头敲击凿子，对工具的内部进行精细处理，去除粗糙的部分。

3）倒边角：用砂带机对工件进行打磨，倒出斜边。

4）打孔：先用直角尺和铅笔进行定位，再用电钻对工具进行开孔。

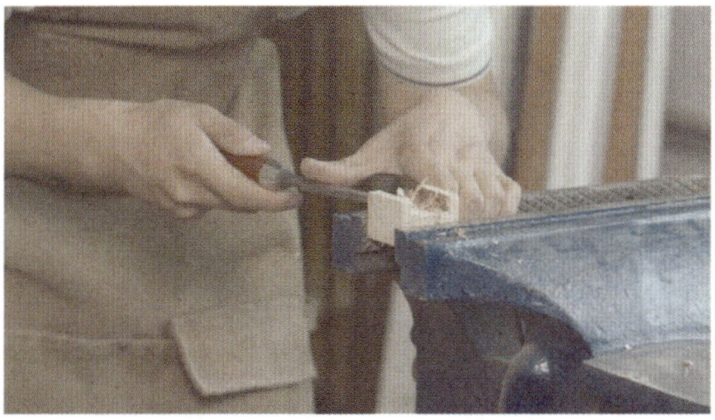
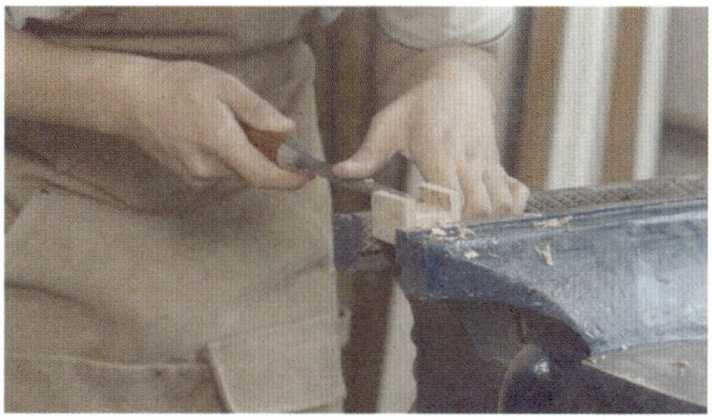

精细处理

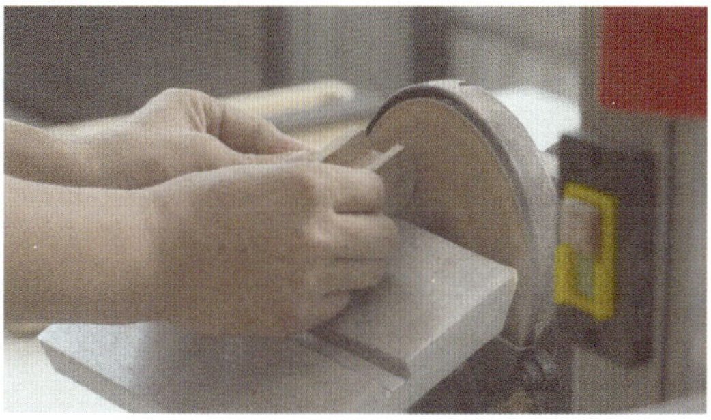

倒边角

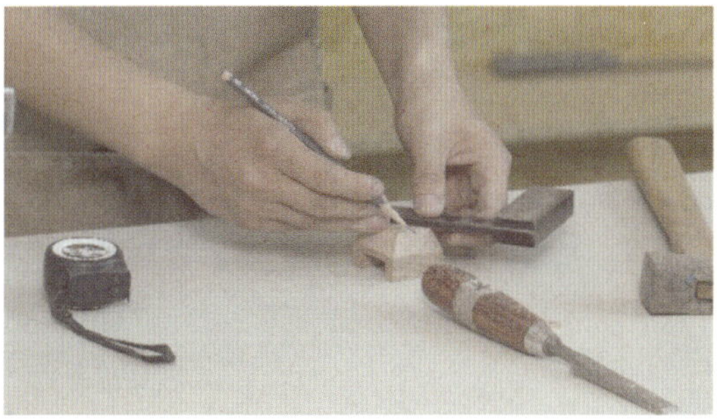

开孔

成品展示

（2）拱。

案例：正心瓜拱。

制作工具：带锯、砂带机、修边机、电钻、F 夹、直角尺、卷尺、斧头、凿子、铅笔、台钳。

制作材料：榉木 185mm × 35mm × 59mm。

制作工具展示

制作材料

制作过程：

1）画线：用铅笔、直角尺和卷尺在木材上画线稿。

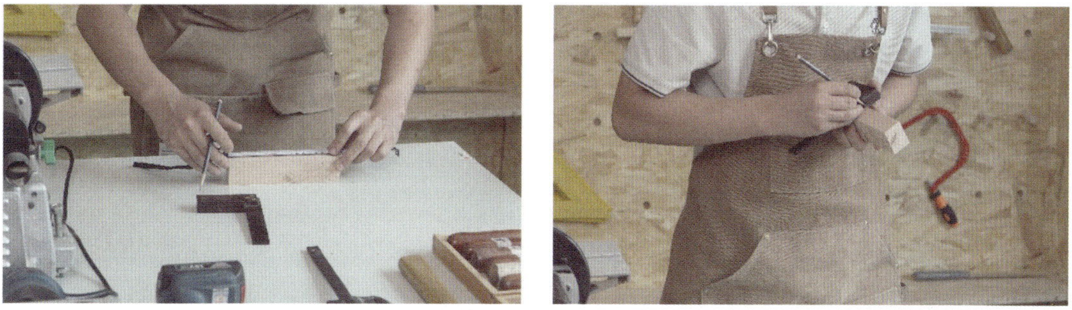

画线

2）切割零部件：用带锯根据画的线在木头上锯出边线，方便后面用凿子去除多余部分。

切割零部件

3）打磨零部件：用砂带机把尖锐的角进行打磨。

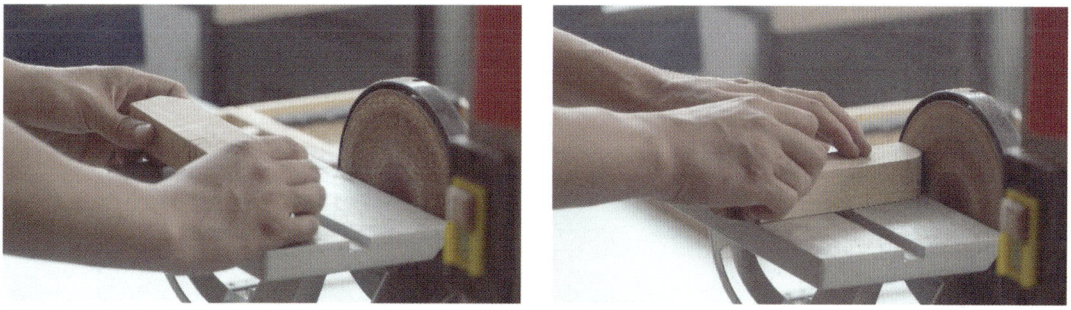

打磨零部件

4）开槽：用 F 夹将工件固定，用斧头敲击凿子，将槽内多余木料去除。

开槽

用台钳固定工件，用凿子处理槽口内部细节。

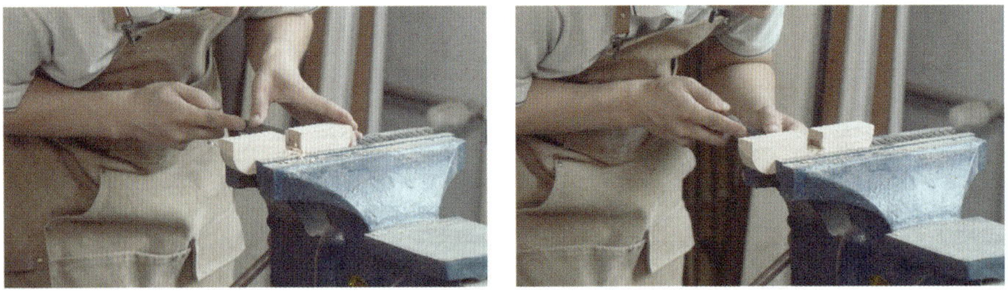

精细处理

5）开凹线：先用铅笔进行定位，用 F 夹将工件固定，再用修边机打出凹槽，最后用凿子把边缘修理整齐。

画线定位

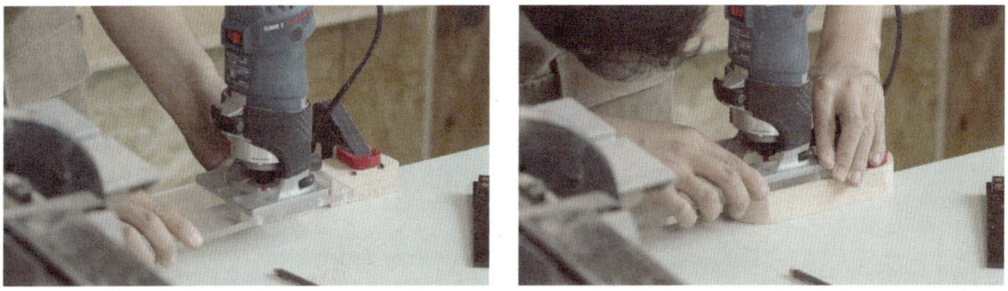

修边机打出凹槽

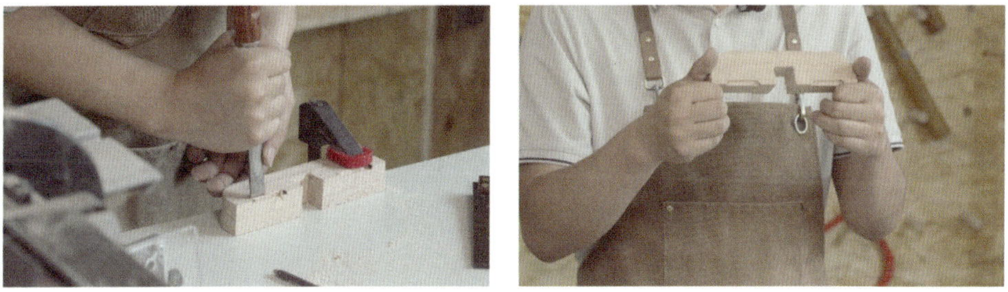

精细处理

6）开孔：先用铅笔进行定位，用 F 夹将工件固定，再用电钻打孔。

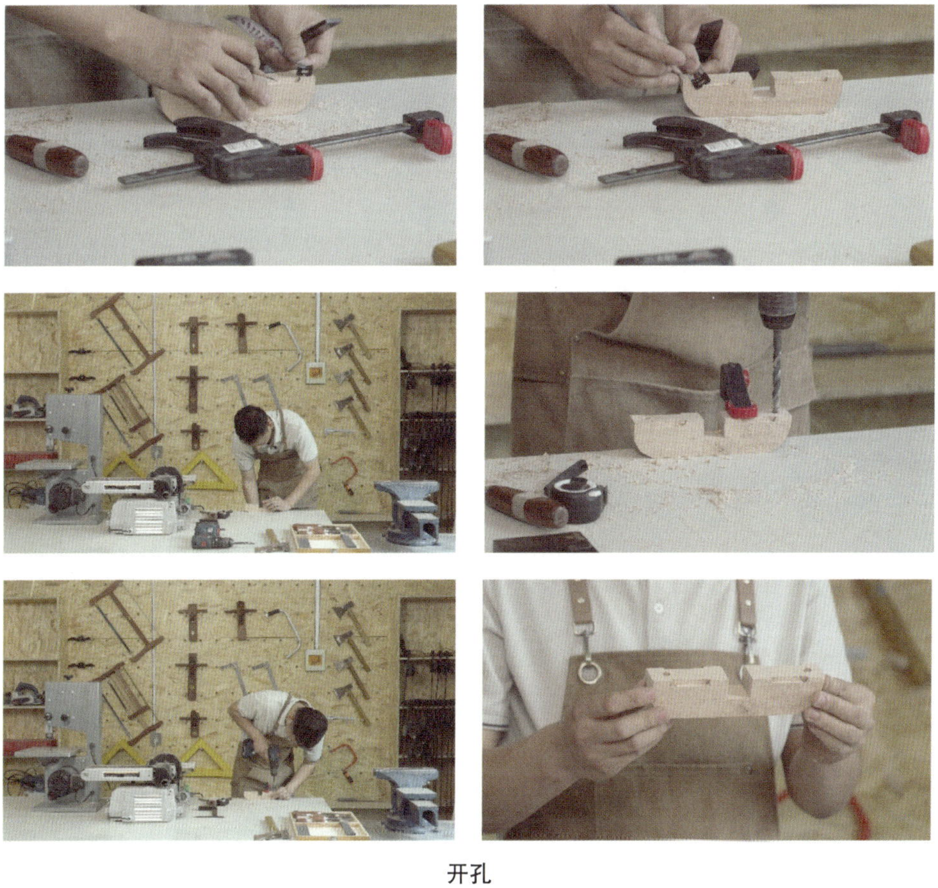

开孔

成品展示

（3）枋。

案例：里拽架枋、挑檐枋。

制作工具：直角尺、卷尺、铅笔、带锯、手工锯、斧头、凿子、F 夹、台钳、电钻。

制作材料：榉木 346mm × 29mm × 59mm，2 件。

制作工具展示

制作材料

制作过程：

1）画线：用铅笔、直角尺和卷尺在木材上画出线稿，进行定位。

画线

2）开槽：先用带锯在需要开槽的位置锯出边线，再将内部需要剔除的部分用带锯开出多条辅助的槽线，方便后面剔除。

开槽

将工件用 F 夹固定到工作台上，然后用凿子将槽线内部多余部分剔除。

剔除材料

将工件固定到台钳上，用凿子对工件的内部进行精细处理，去除粗糙的部分。

精细处理

用手工锯对画线部分进行切割。

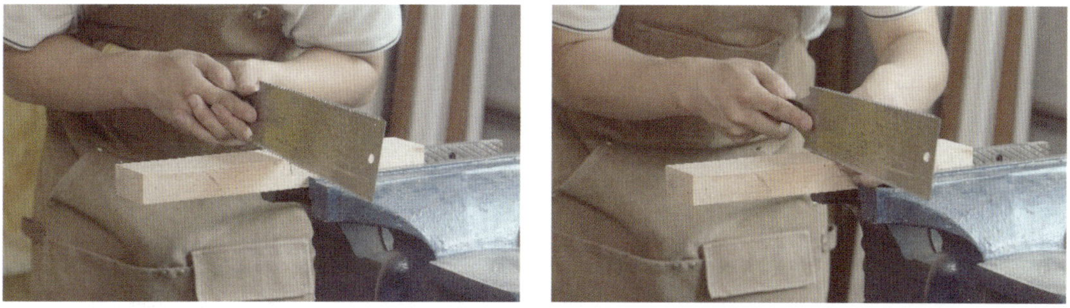

切割材料

先将工件用 F 夹固定到工作台上，然后用斧头敲击凿子，将槽线内部多余部分剔除。

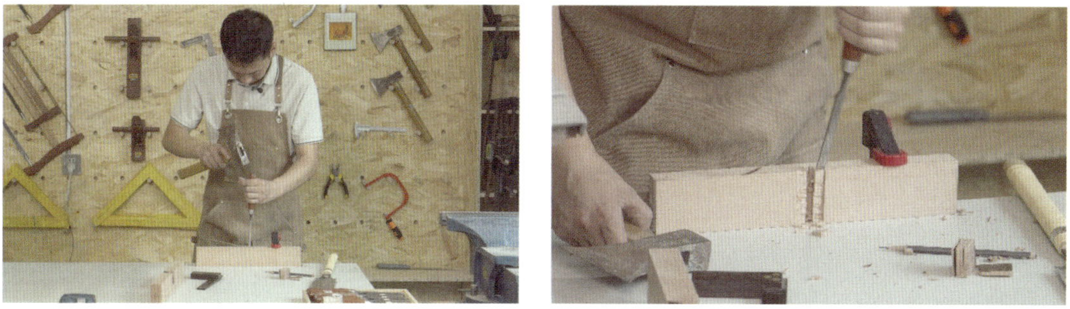

剔除材料

将工件固定到台钳上，用凿子对工件的内部进行精细处理，去除粗糙的部分。

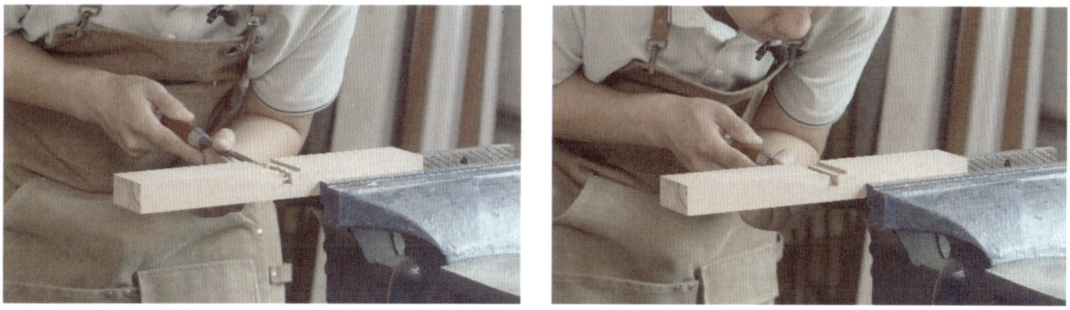

精细处理

3）开孔：先用铅笔进行定位，用 F 夹将工件固定，再用电钻打孔。

定位打孔

成品展示

（4）昂。

案例：翘。

制作工具：直角尺、卷尺、铅笔、带锯、斧头、凿子、F 夹、台钳、修边机、电钻。

制作材料：榉木 214mm × 59mm × 29mm。

制作工具展示

制作材料

制作过程：

1）画线：用铅笔、直角尺和卷尺在木材上画出线稿，进行定位。

画线

2）开凹面：先将工件用 F 夹固定到工作台上，用修边机开出凹面，再用凿子修整造型。

开凹面

3）切割：用带锯按照线稿切割造型。

切割

4）开槽：先用带锯在需要开槽的位置锯出边线，再将内部需要剔除的部分用带锯开出多条辅助的槽线，方便后面剔除。

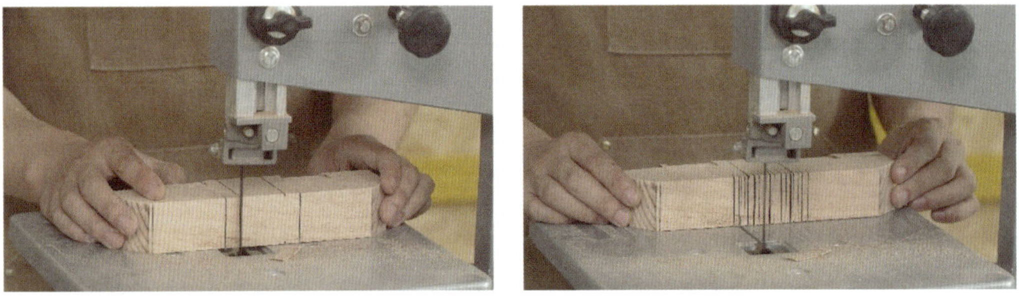

开槽

先用斧头敲击凿子，去除多余部分，再对工件进行修形。

剔除材料

用带锯在需要去除的位置锯出多条辅助的槽线，方便后面剔除。

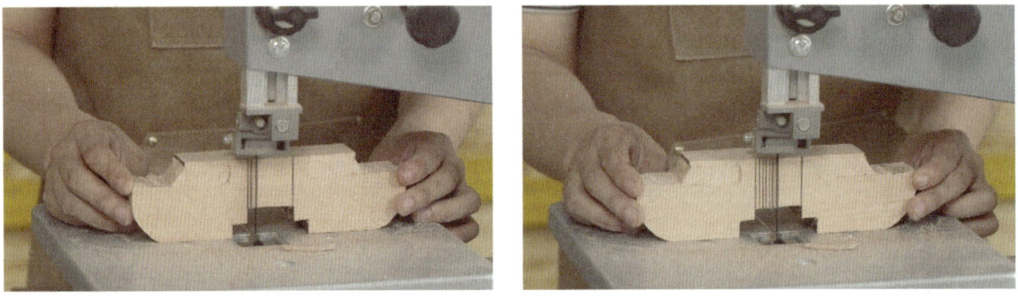

锯出多条辅助槽线

先将工件用 F 夹固定到工作台上，然后用斧头敲击凿子，将槽线内部多余部分剔除。

剔除材料

用凿子对工件的内部进行精细处理，去除粗糙的部分。

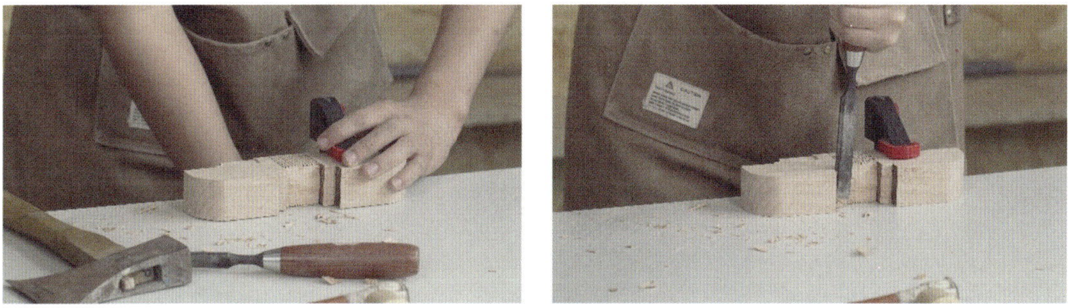

精细处理

5）开孔：先用铅笔进行定位，用 F 夹将工件固定，再用电钻打孔。

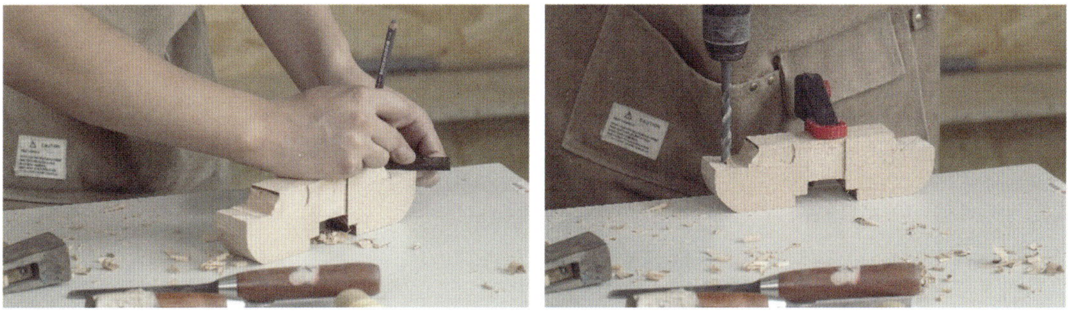

打孔

成品展示

案例：单昂后带菊花头，又称昂。

制作工具：直角尺、卷尺、铅笔、手持曲线锯、斧头、凿子、F 夹、台钳、修边机。

制作材料：榉木 450mm × 92mm × 29mm。

制作工具展示

制作材料

制作过程：

1）画线：用铅笔、卷尺和直角尺在木材上画出线稿，进行定位。

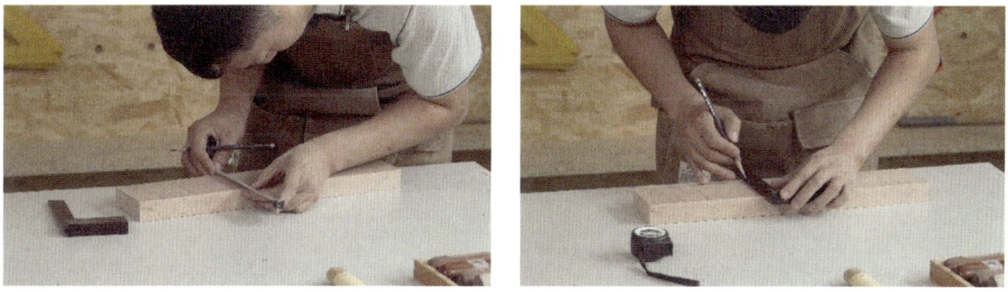

画线

2）切割：先将工件用 F 夹固定到工作台上，然后用手持曲线锯按照线稿切割。手持曲线锯主要用于不规则线条及曲线的切割。

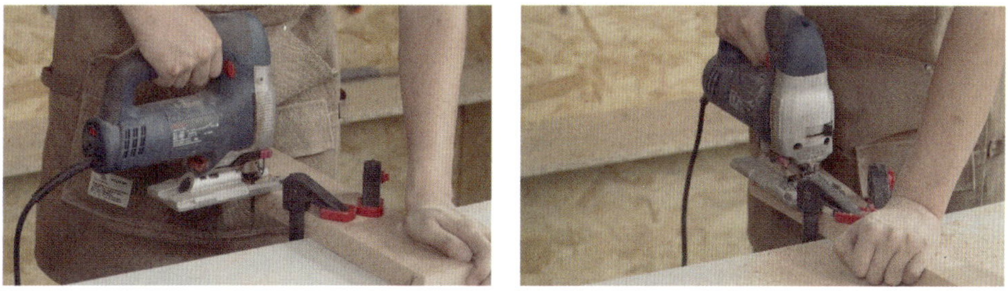

切割

3）开槽：先将工件用 F 夹固定到工作台上，然后用斧头敲击凿子，将槽线内部多余部分剔除。

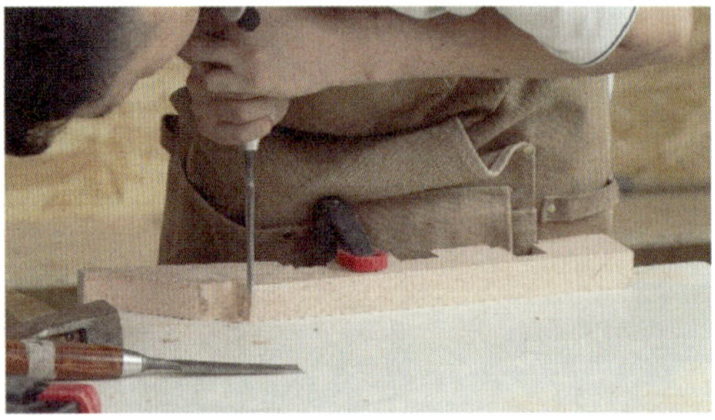

开槽

将工件固定到台钳上，用凿子对工件的内部进行精细处理，去除粗糙的部分。

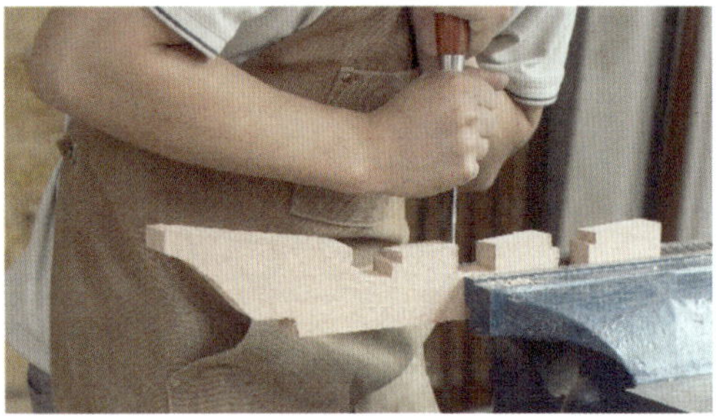

精细处理

4）开凹面：先将工件固定到工作台上，再用修边机开出凹面，再用凿子修整造型。

开凹面

然后用凿子将细部进行修整，将多余部分剔除。

成品展示

案例：蚂蚱头后带六分头，又称蚂蚱头、耍头。

制作工具：直角尺、卷尺、铅笔、带锯、手工锯、斧头、凿子、F 夹、台钳、电钻、修边机。

制作材料：榉木 480mm × 59mm × 29mm。

制作工具展示

制作材料

制作过程：

1）画线：用铅笔、直角尺和卷尺在木材上画出线稿，进行定位。

画线

2）去线开槽：先用带锯去掉多余线条，在需要开槽的位置锯出边线，再将内部需要剔除的部分用带锯开出多条辅助的槽线，方便后面剔除。

去线开槽

将工件固定到台钳上，用手工锯对工件细部进行切割。

切割

将工件用 F 夹固定到工作台上，用斧头敲击凿子，将槽线内部多余部分剔除。

剔除材料

将工件固定到台钳上，用凿子对工件的内部进行精细处理，去除粗糙的部分。

精细处理

3）开凹面：先将工件用 F 夹固定到工作台上，用修边机开出凹面，再用凿子修整造型。

开凹面

将工件固定到台钳上，用凿子对工件的内部进行精细处理，去除粗糙的部分。

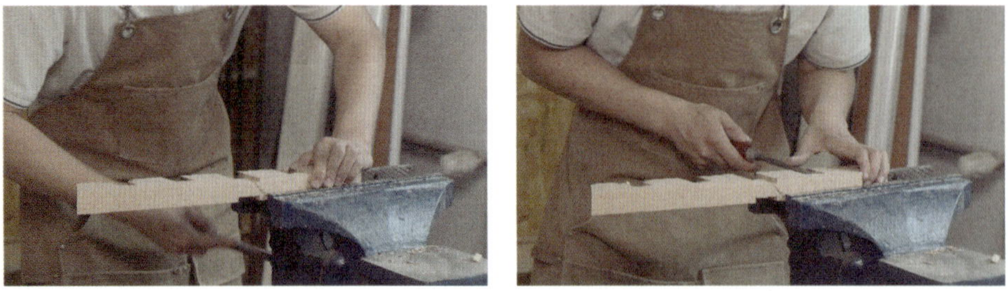

精细处理

4）开孔：先用铅笔进行定位，用 F 夹将工件固定，再用电钻打孔。

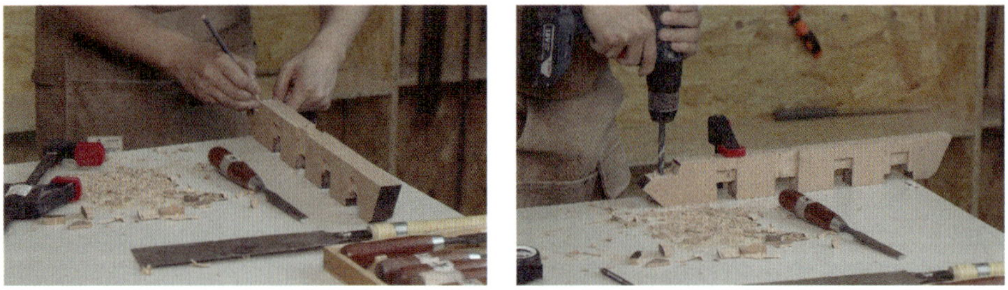

打孔

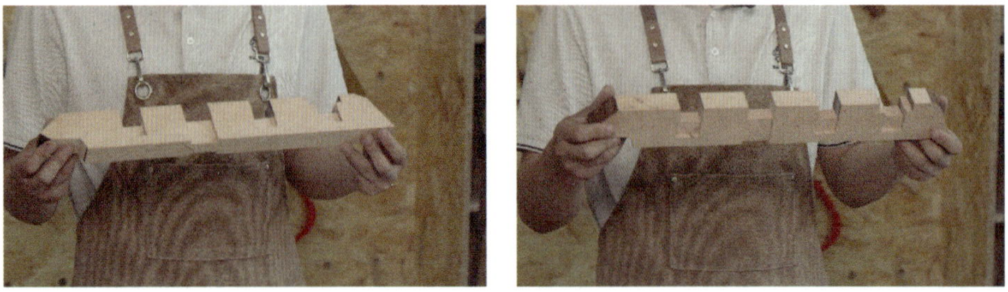

成品展示

案例：撑头木后带麻叶头，又称撑头木。

制作工具：直角尺、卷尺、铅笔、手持曲线锯、手工锯、斧头、凿子、F 夹、台钳、修边机。

制作材料：榉木 458mm × 59mm × 29mm。

制作工具展示

制作材料

制作过程：

1）画线：用铅笔、直角尺和卷尺在木材上画出线稿，进行定位。

画线

2）去线开槽：先用手持曲线锯去掉多余线条，在需要开槽的位置锯出边线，再将内部需要剔除的部分用手持曲线锯开出多条辅助的槽线，方便后面剔除。

去线开槽

将工件用 F 夹固定到工作台上，用斧头敲击凿子，将槽线内部多余部分剔除。

剔除材料

3）开榫头：将工件固定到台钳上，用手工锯将榫头锯出。

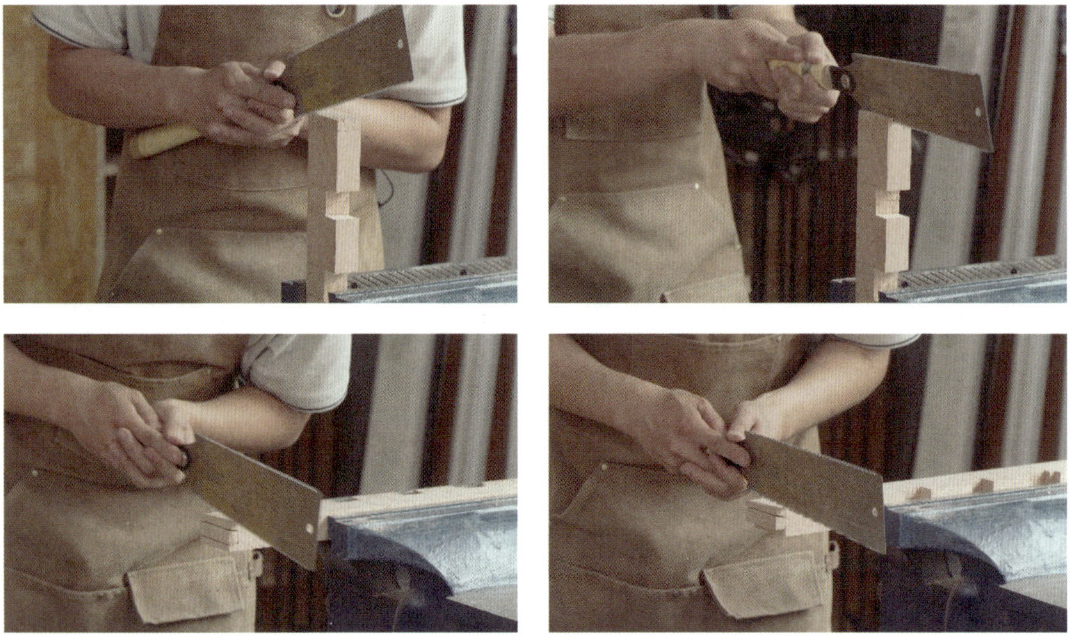

开榫头

将工件固定到台钳上，用凿子对工件的内部进行精细处理，去除粗糙的部分。

精细处理

4）开凹面：先将工件固定到工作台上，用修边机开出凹面，再用凿子修整造型。

开凹面

将工件用 F 夹固定到工作台上，用斧头敲击凿子，对工具的内部进行精细处理，去除粗糙的部分。

精细处理

成品展示

案例： 桁椀。

制作工具： 直角尺、卷尺、铅笔、带锯、手持曲线锯、手工锯、斧头、凿子、F 夹、台钳、砂带机。

制作材料： 榉木 340mm × 29mm × 112mm。

制作工具展示

制作材料

制作过程：

1）画线：用铅笔、直角尺和卷尺在木材上画出线稿，进行定位。

画线

2）去线开槽：先用带锯去掉多余线条，在需要开槽的位置锯出边线，再将内部需要剔除的部分用带锯开出多条辅助的槽线，方便后面剔除。

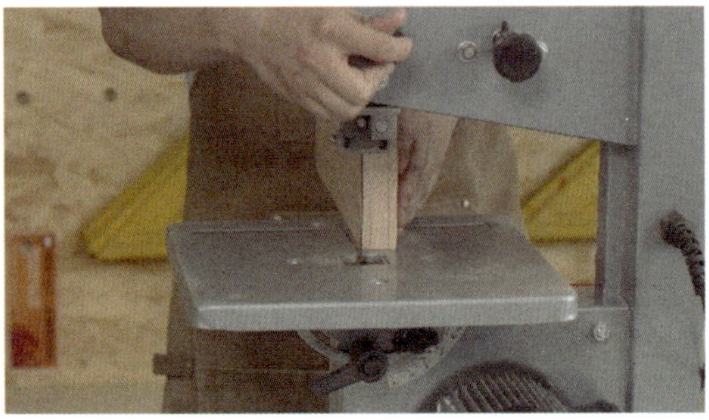

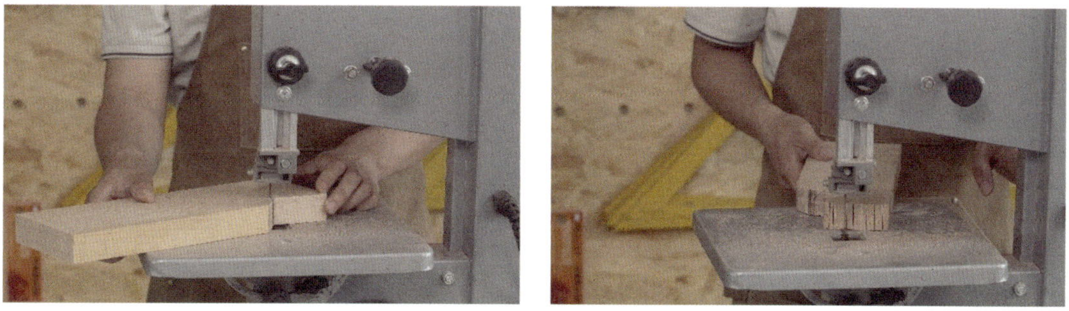

去线开槽

对不规则的地方用手持曲线锯进行曲线的切割。

切割

3）打磨：用砂带机对工件进行打磨。

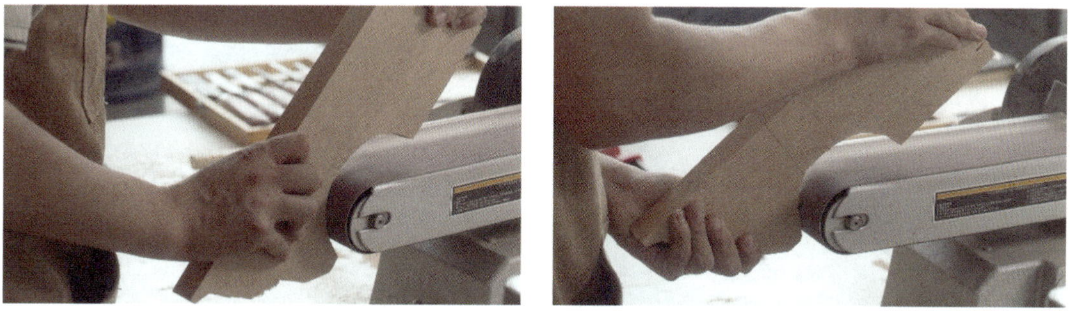

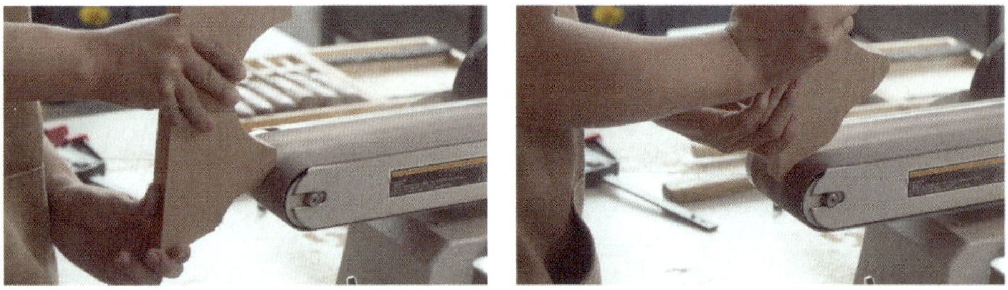

打磨

4）开槽：用 F 夹将工件固定到工作台上，用手工锯进行切割。

开槽

再将工件固定到台钳上，用凿子对工件的内部进行精细处理，去除粗糙的部分。

精细处理

5）去除多余边线：将工件固定到工作台上，再用手持曲线锯去除多余线条。

去除多余边线

6）开榫头：将工件固定到台钳上，用手工锯对木料进行切割，锯出榫头。

开榫头

7）开榫槽：将工件固定到台钳上，用手工锯进行切割定位。

开榫槽

用斧头敲击凿子，剔除榫槽内多余的木料，局部细节用凿子进行精细修整。

精细处理

成品展示

（5）其他。

案例：挑檐桁。

制作工具：直角尺、铅笔、带锯、手工刨 / 手持电刨、圆形模具、台钳。

制作材料：榉木 347mm × 82.5mm × 82.5mm。

制作工具展示

制作材料

制作过程：

1）画线：用铅笔、直角尺、圆形模具在木材上画出线稿，进行定位。

画线

2）去线：调整带锯台面角度，用带锯初步去掉转角多余线条。

去线

3）修整造型：用手工刨或手持电刨去掉转角多余木料，修整桁的造型。

修整造型

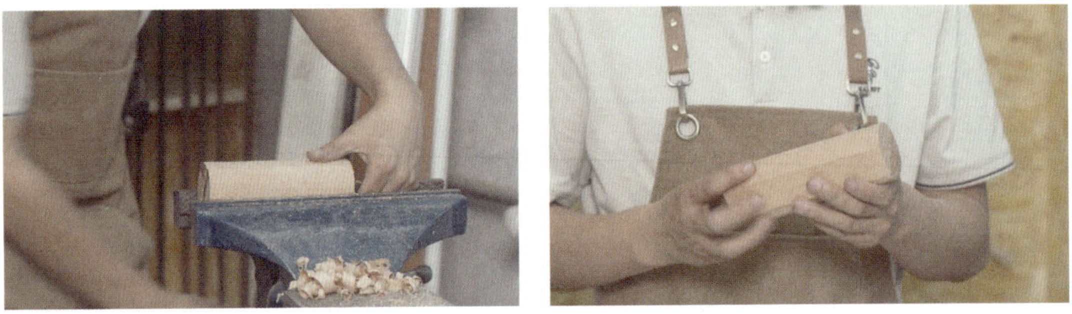

精细处理

成品展示

（6）组装。

零部件展示

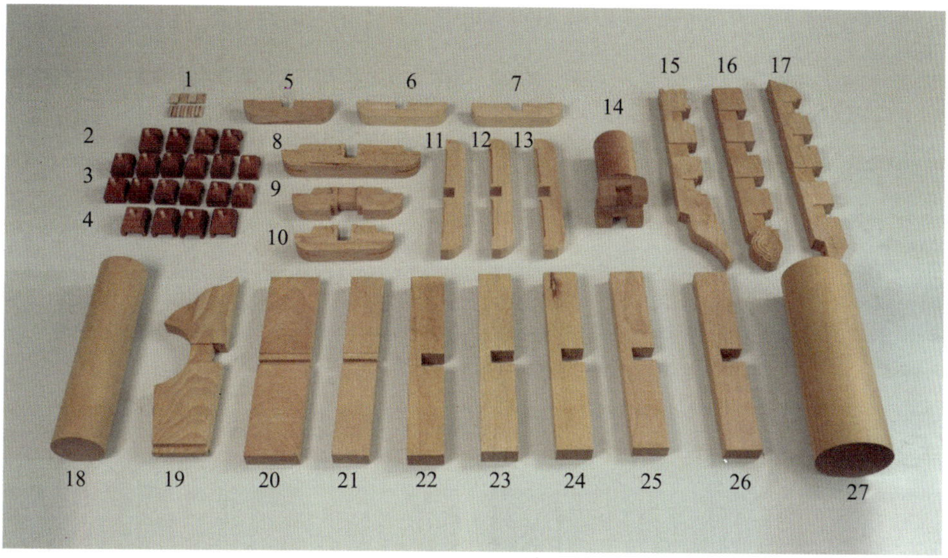

零部件名称图示

1 圆棒榫　2 槽升子　3 三才升　4 十八斗　5 单材瓜拱　6 厢拱 1　7 单材瓜拱　8 正心万拱　9 翘　10 正心瓜拱　11 单材万拱　12 单材万拱　13 厢拱 2　14 坐斗（加底座）　15 单昂后带菊花头　16 撑头木后带麻叶头　17 蚂蚱头后带六分头　18 挑檐桁　19 桁椀　20 井口枋　21 挑檐枋　22 正心枋　23 正心枋　24 正心枋　25 外拽架枋　26 里拽架枋　27 正心桁

将斗拱的部件分类展开，从下面的坐斗开始逐步向上组装。

1）在圆柱形底座上，从坐斗开始，上面安装正心瓜拱。

安装正心瓜拱

2）安装翘，翘上安装十八斗，正心瓜拱上安装槽升子。

安装翘、十八斗、槽升子

3）中间安装正心万拱，两边安装单材瓜拱。

安装正心万拱、单材瓜拱

4）安装昂。

安装昂

5）昂上安装十八斗，正心万拱、单材瓜拱上安装三才升。

安装十八斗、正心万拱、三才升

6）十八斗上安装厢拱，正心万拱上安装正心枋，两侧单材瓜拱上各装一个单材万拱。

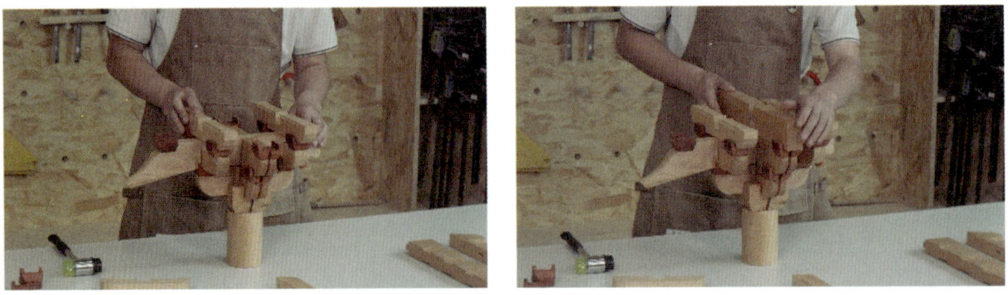

安装厢拱、正心枋、单材万拱

7）横向安装蚂蚱头，蚂蚱头上安装十八斗，在厢拱、单材瓜拱上依次安装三才升。

安装蚂蚱头、十八斗、三才升

8）正心枋上再安装正心枋，两边分别安装里拽架枋、外拽架枋，十八斗上安装厢拱，上再安装撑头木，最后安装挑檐枋。

安装正心枋、拽架枋、厢拱、撑头木、挑檐枋

9）在正心枋上安装插入圆棒榫，安装在中间正心枋上，上面再安装桁椀。

安装插入圆棒榫、桁椀

10）在桁椀侧面安装井口枋。

安装井口枋

11）在挑檐桁、正心桁上安装插入榫，分别安装在挑檐枋和桁椀上。

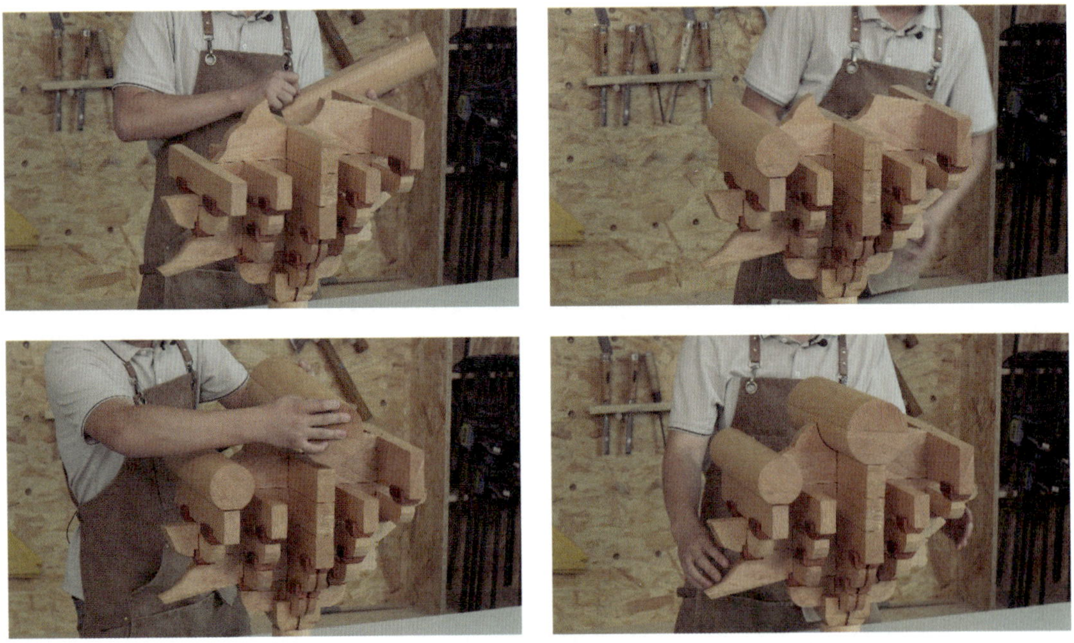

安装挑檐桁、正心桁

成品展示

6.1.2 方凳制作

6.1.2.1 方凳介绍

背景介绍：方凳由一个面板、四个腿足和四个横枨组成，是日常生活中常用的家具类型。在传统木工中，方凳是基础的练习案例。一个小小的方凳，其制作基本上包含所有木工手工操作的要领，适合初学者练习制作。

制作材料：松木。

方凳材料清单

序号	名称	长 × 宽 × 厚（mm）	数量
1	面板	280 × 210 × 20	1
2	腿足	230 × 30 × 30	4
3	前后横枨	224 × 25 × 20	2
4	左右横枨	154 × 25 × 20	2

主要工具：

铅笔、卷尺、画线器、直角尺、手工锯、凿子、锤子、木工夹。

制作工具展示

6.1.2.2 制作过程

（1）画线：用铅笔、直角尺和卷尺在木头上画线稿。

可直接在木头上画草稿，将凳面当成草稿纸，绘制出具体制作尺寸。可以先用“三角形”符号在一组部件中间进行标记，方便快速定位四只腿足的位置。

画线

用画线器设定好距离，可以快速在木头上画出固定的尺寸。

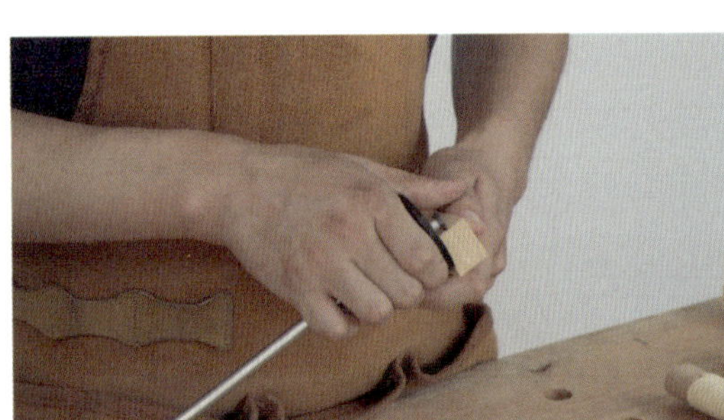

用画线器画出固定尺寸

画好一条腿足的线稿后，可以借助直角尺快速对其他三个定位画线。

统一画线

同时借助横枨，在腿足上定位与横枨相接的高度尺寸。

用直角尺辅助确定位置

（2）凿孔：用凿子、锤子对画好线稿的工件进行凿孔，腿足上用透榫。在制作时，先在工件的一面凿出一半的深度，再从另一面凿至贯穿。

（3）锯榫头：凳腿和横枨都是单肩榫。锯榫头时，为了榫头和榫眼配合紧密，宽度可以略放一些，但厚度不能放。用手工锯锯完榫头后，用凿子对工件进行修整，调整榫头和榫眼之间的契合度。

（4）试组装：对初步制作好的腿足的框架按照位置进行试组装，对不合适的地方进行调整，并对工件进行打磨，让表面平整光滑。

凿孔

锯榫头

试组装

（5）组装腿足框架：对处理好的腿足框架进行组装。用小木块垫着，用锤子将榫头敲入榫眼中，组合成完整的腿足部分的框架。

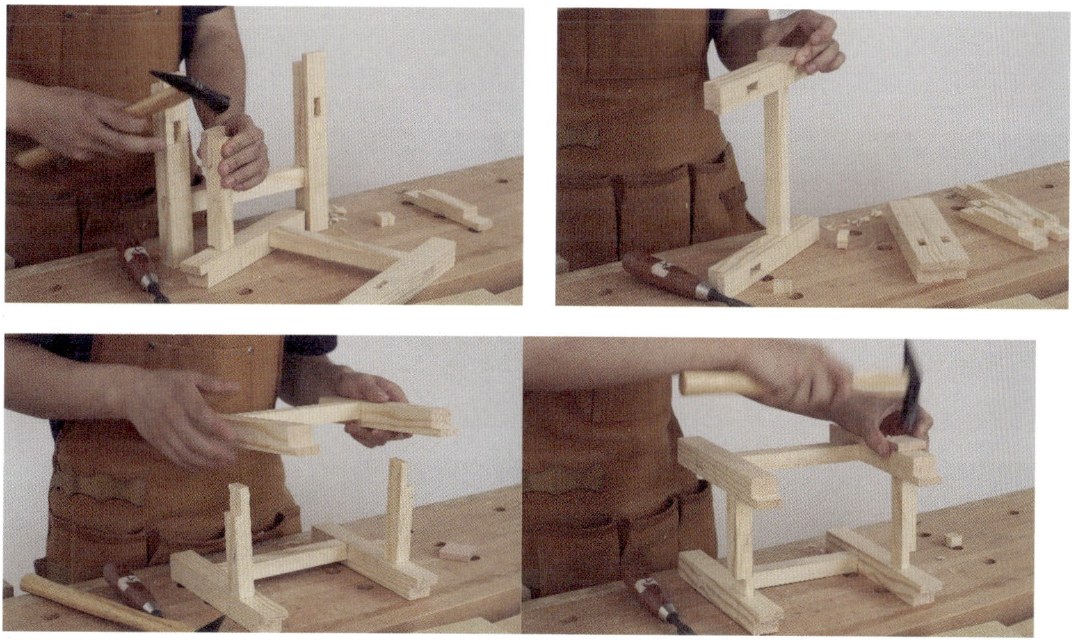

组装腿足框架

（6）凳面画线：用组装好的腿足在凳面的背面进行画线定位。

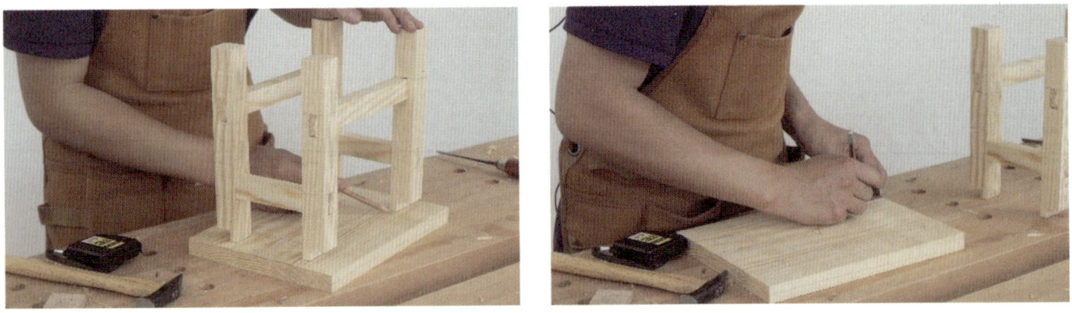

凳面画线

（7）凳面凿孔：在画好线的位置用凿子凿暗榫，榫槽的深度要略大于凳腿榫头的长度。

凳面凿孔

（8）组装凳面：用锤子将凳面与腿部框架组合起来，对局部进行调整。

组装凳面

成品展示

6.1.3 小兔子玩具摆件制作

6.1.3.1 小兔子玩具摆件介绍

背景介绍：小兔子玩具摆件是借用兔子的造型简化设计的一款木质玩具摆件。使用两种木质颜色，采用撞色处理，部件之间通过磁铁吸附连接，中间可以临时夹各种便笺、卡片；小兔子的耳朵采用铜钉相连，可以根据需要进行多角度旋转。

小兔子玩具摆件

制作材料：黑胡桃木料 600mm × 120mm × 15mm、榉木木料 600mm × 120mm × 6mm、8mm 直径磁铁、铜钉、木蜡油。

制作工具： 带锯、直角尺、木工夹、铅笔、圆规、锉刀、砂纸、电钻以及直径 10mm、8mm、5mm 的钻头。

6.1.3.2 制作过程

（1）画线：用铅笔、直角尺在木头板上画出线稿，用圆规画出部件的弧线及眼睛的位置。

画线

（2）切割零部件：先用带锯将各部件分开，再根据木头上画的线稿锯出兔子玩具造型的各部分形状。

（3）打磨零部件：用锉刀把部件转角部分初步打磨平整。

（4）眼睛位置打孔：用电钻配以 10mm 的钻头在木头上打出小兔子眼睛的位置。

（5）定位打孔：用电钻配以 8mm 的钻头在木头上打出磁铁的孔。

（6）耳朵连接定位打孔：兔子耳朵连接的地方用电钻配以 5mm 的钻头打孔。

切割零部件

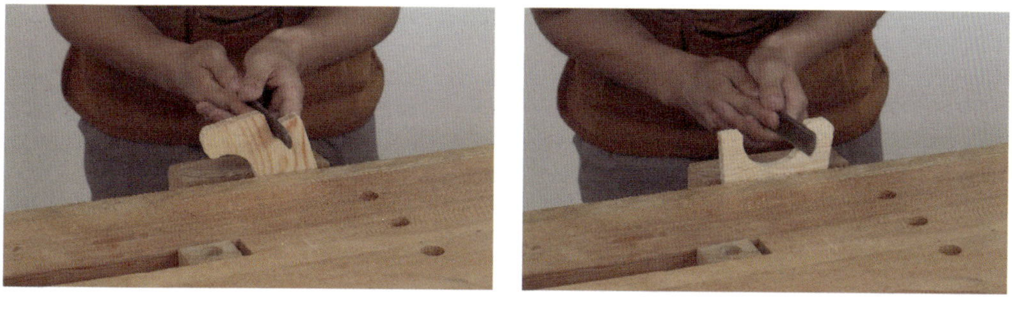

打磨零部件

眼睛位置打孔

定位打孔

耳朵连接定位打孔

（7）打磨：用砂纸打磨兔子。先用 180 目的砂纸打磨，再用 320 目的砂纸打磨。

（8）上木蜡油：打磨之后用木蜡油擦涂兔子。

（9）组装：晾干后组装。先把磁铁装在打好的孔里，再按照顺序把各部件组装起来，耳朵部分的部件用铜钉相连。

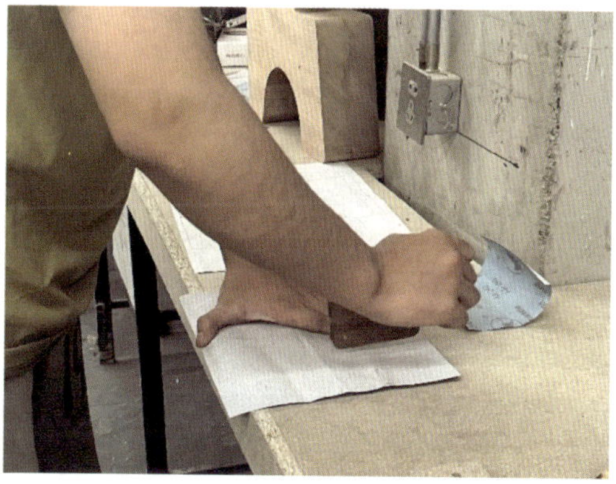

打磨

上木蜡油

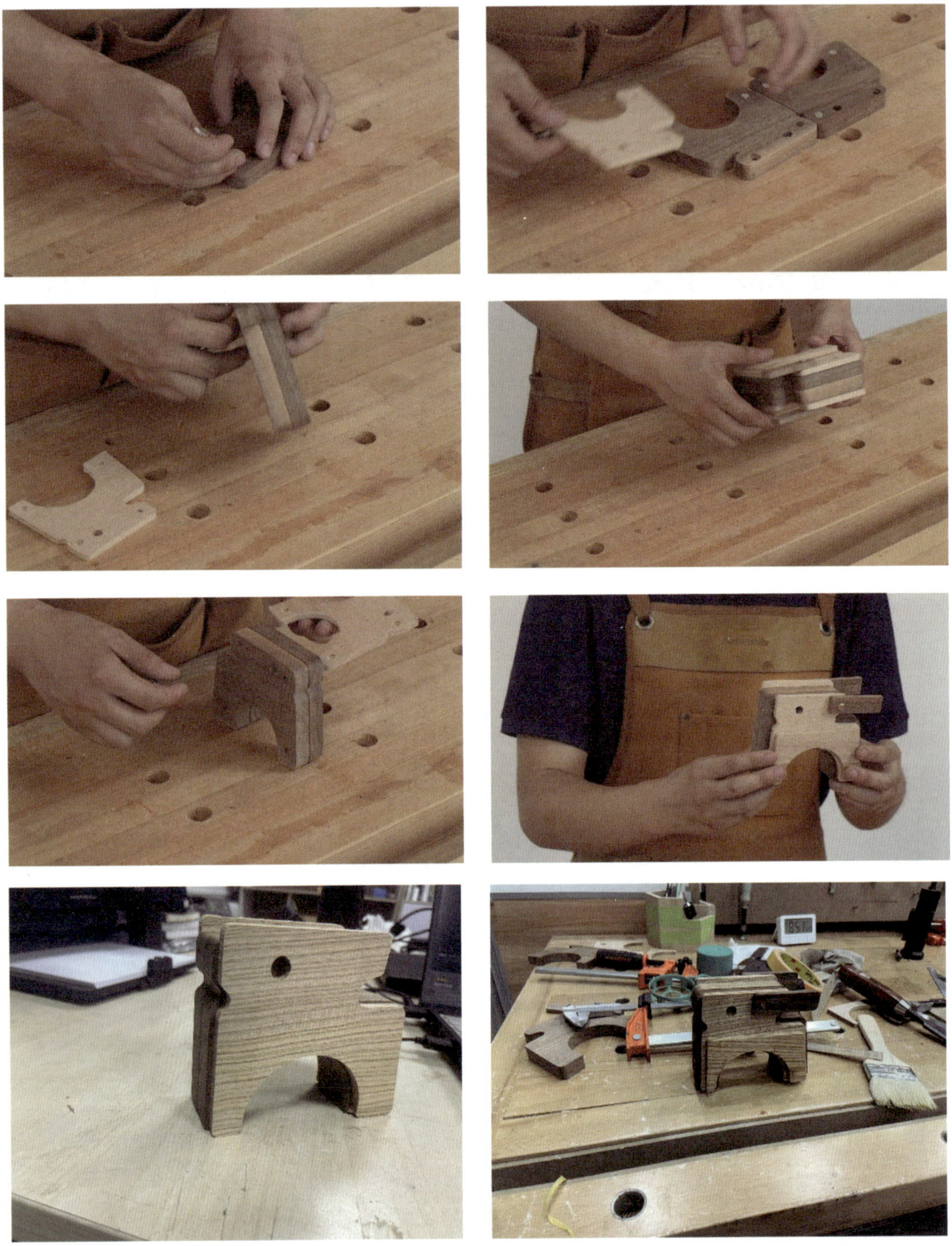

组装

成品展示

6.2 传统木作与现代设计

6.2.1 传统木作元素与设计构思

中国传统木作以榫卯结构最具代表性，榫卯结构在中国传统建筑及家具领域的应用十分广泛。如今，我们再提榫卯，它已不再是单纯的结构形式、连接部件，而是被赋予了时代的标签，代表着中国传统木作手工艺的千年传承与设计精华。榫卯成为中国文化的元素符号。在设计创作过程中，可以将榫卯结构作为一种设计元素，借助榫卯元素设计出具有中国传统文化特色、传统与时代感并存的现代设计作品。

6.2.1.1 榫卯元素特点

（1）特色鲜明，识别性强。

榫卯元素在现代设计领域是一个非常有特点的设计符号，它涵盖了具有中国传统榫卯结构特征的造型元素。中国古代的木建筑、木家具、木制器械的连接主要就是依靠榫卯结构。它是在两个木构件连接时所采用的一种凹凸结构，凸出部分叫榫头，凹进部分叫卯眼

楔钉榫壶承（设计：卢克岩）

或榫槽，不用任何钢钉就可以将作品完成。

在现代设计领域中，结合榫卯元素，可以很容易地将中国韵味与传统木作工艺的特色体现出来。在现代设计中，榫卯结构大多仍用于建筑和家具的制作，在诸如电子产品、装饰、平面等其他设计领域涉猎较少。我们可以考虑开拓新的设计领域，这会为人们带来更多具有民族风格的设计作品。

（2）继承传统，底蕴深厚。

榫卯元素代表着中国传统木文化的精华，有着深厚的历史底蕴。以榫卯元素为基点设计的作品，被赋予了中国本土文化内涵，具有很强的地域特征，本身就是对中国传统文化的传承。同时，将传统的木作工艺与当代设计结合，可以让中国传统工艺得到更为广泛的开发和应用，为手工艺的传承和发展打开新的思路，为榫卯文化的发展开拓新的设计领域。

斗拱积木（设计：陈静）

（3）结构灵活，造型多变。

榫卯结构具有多种表现形式。榫卯的拼装与积木玩具有着类似的趣味性，可以借助榫卯结构能自由拼装组合的优势，将设计的组合性、多变性、趣味性等特点应用到现代设计中，增加设计的多功能属性。另外，还可以根据产品的特点设计一些标准插接件和组合件，让使用者根据自己的喜好选择拼装，这样就增加了产品的可变性，从而提高使用者的参与度。

榫卯玩具（设计：王宇）

6.2.1.2　榫卯元素设计构思

榫卯结构与现代设计的结合需要选择合适的设计切入点。通常在设计之前，都要寻找一个设计灵感的来源，可以是一个造型、一种技艺、一则故事、一个概念等，然后通过设计理念与设计元素的融合将具体的造型展现出来。要打破传统结构的常规做法，从造型、材质、功能、概念上进行新的探索和尝试，为榫卯结构的发展及应用提供更多的设计思路。在榫卯结构与现代设计结合的设计过程中，要以现代设计视角来审视传统元素，将现代创意设计理念与传统工艺相结合，从而设计出符合现代审美与需求的作品。

具体来说，可以从下面几个方面选择设计基点：

（1）取其形。

对于设计者而言，传统手工艺传承不仅具有文化属性，传统技艺的客观载体及造型表达形式在现代设计中同样十分重要。中国传统的榫卯有很多种经典的结构，如直榫、燕尾榫、银锭榫、楔钉榫、粽角榫等，这些榫卯结构的造型本身就十分有特点，有些极具观赏性，可以直接取其形而用。可以根据设计需要，直接或间接地将这些结构引用到设计中，借其形进行再设计。在设计过程中，也可以保留榫卯元素的结构特征，通过沿用结构、更换材质、调节色彩、赋予功能等方式进行设计创作，通过使用功能、应用场景的转变进行创新。

《邂逅》情侣项链的设计借用龙凤榫的结构和形式，可分可合，适合情侣佩戴。《楔钉榫》项链选用三种木材、三种颜色进行搭配，运用楔钉榫结构外露的特点进行装饰，具有很强的识别性。这两款项链都是直接借用榫卯造型及结构设计而成，采用撞色设计，让本来含蓄的结构凸显出来，更具装饰性。

（2）择其式。

榫卯元素最突出的特点就是其可拆装的结合方式。这种组合形式具有多变性，为设计创作提供了很好的表现形式。现代产品设计，不仅要具有使用功能，还要在外观形式、标准化生产、使用者的参与互动、包装运输等多方面进行综合考量。标准的接口设计，不仅方便标准化生产，而且可以让各个部件之间自由拼装，使产品具有多种组合形式和功能变化，丰富了产品的形式感。

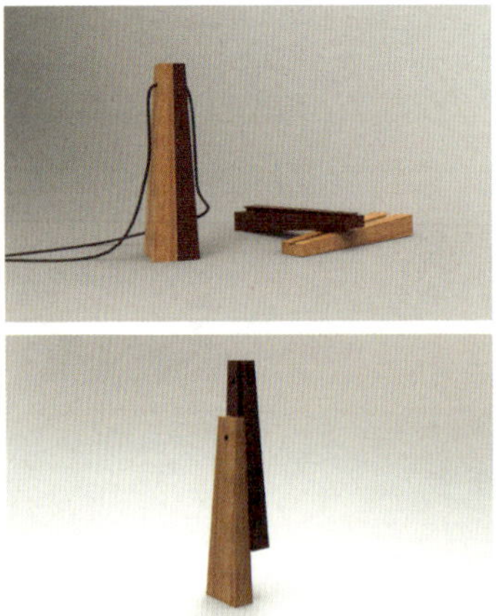

《邂逅》情侣项链（设计：张骋）

《楔钉榫》项链（设计：卢克岩）

这款名为《井然有序》的木质隔热垫，其设计就是借鉴燕尾榫的结构形式，将隔热垫设计成能够自由组合拼装的标准件，将结构的变化与产品的造型融合到一起，增加了产品的可变性。使用者可以根据需要自行组装，丰富了产品的使用形式，增加了产品的互动性。

《井然有序》隔热垫（设计：王鹏程）

（3）借其意。

榫卯，一凸一凹，榫为阳、卯为阴，阴阳相生。榫卯是中国智慧的产物，外观四称，含而不露，体现了“阴阳互补、虚实相生”的哲学意蕴。榫卯内蕴阴阳，相生相克，以制为衡。现代设计中可以引入榫卯“互补互生”的概念，赋予设计更多的灵感和寓意。

这款绿檀梅花记木梳，设计得十分巧妙。这是一把插齿工艺的木梳，在梳背上雕刻了喜鹊站在梅花枝头的造型，表示喜事临门、喜上眉梢，寓意幸运吉祥。喜鹊是一种吉祥鸟，古人以喜鹊作为喜事的象征。它是中国民间最为喜闻乐见的吉祥图案之一。木梳尾部的喜鹊造型是独立的结构，是可以拆开的，拿下来的小喜鹊是一个挖耳勺。在挖耳勺的位置还可以放一封情书，用来传达情侣间的爱意。这是一个十分巧妙的设计，既实用又富有新意。

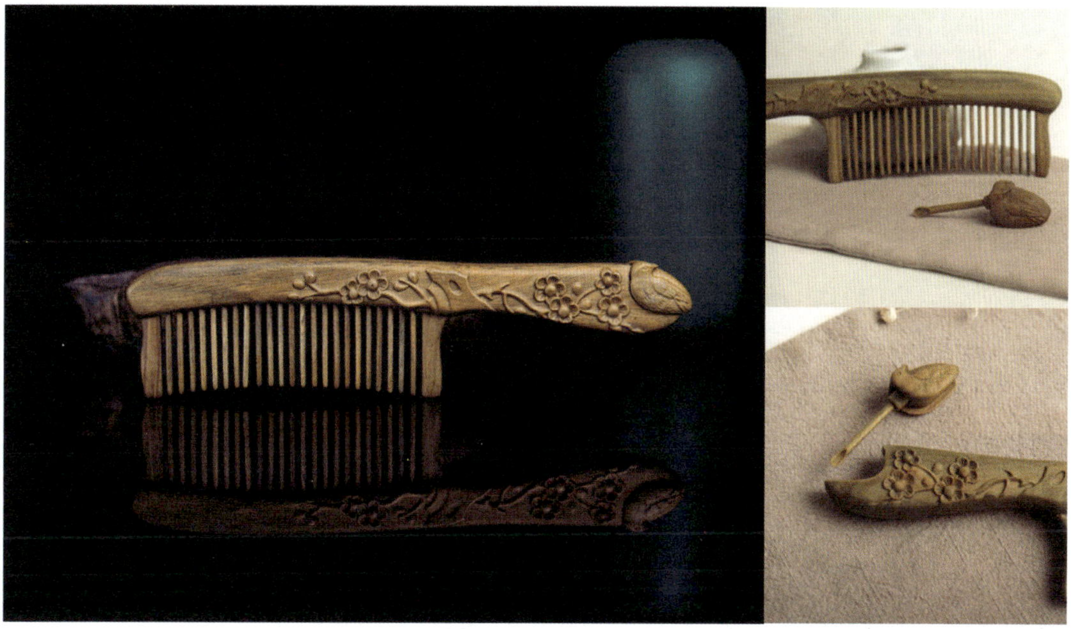

绿檀梅花记木梳（设计品牌：周广胜木梳）

6.2.2 现代手创设计方法与案例解析

在设计创作的过程中，具体的设计方向确定后，可以在设计基点的基础上对相关的设计要素进行整 . 合，将设计要素融合到设计中，从而赋予设计具体的形式。通常会从造型、寓意、形式和创意四个方面进行考虑。

6.2.2.1 造型

造型包括形状、颜色和材质，这些方面的设计要在已选好的设计基点的基础上进行构思，在原有的设计基点上进行借用、简化、提炼、重组、整合、转化等艺术加工，根据设计的定位来调整具体的设计方案。对榫卯元素的应用拓展，可以从榫卯元素造型本身出发，将榫卯元素的造型、结构、寓意等与想要设计产品的属性相结合，寻找共同点，然后进行整合设计。这样设计的产品既具有地方特色，又具有中国文化属性，可识别性极强。利用造型进行设计是最为有效、最直接的方法，可以直接引入设计要素的造

粽角榫 LED 夜灯（设计：陆地）

型进行简化，寻找与现代设计的结合点，再添加附加的元素或设计主题，逐步完善设计方案。

粽角榫 LED 夜灯的设计，就是直接借用榫卯结构的造型进行再设计的作品。粽角榫 LED 夜灯，从字面上就能够看出，设计者是将粽角榫这个结构要素与现代的灯具设计相结合进行设计的。设计者直接选用了粽角榫的一部分进行创作，将亚克力的透光材质与木材相结合，设计出了现代感极强的夜灯造型。

斗拱奖杯是中国建筑学会室内设计分会 30 周年的嘉宾颁奖礼品，设计灵感源自佛光寺东大殿的华拱和栌斗结构。斗拱是中国建筑的灵魂，在这里作为标志性的设计元素用到建筑学会的奖杯上，十分贴切。作品保留了斗栱的榫卯结构，可独立插接，配合紫光檀打磨后的质感，是一件值得珍藏的纪念品。

斗拱奖杯（设计：卢克岩）

对色彩要素的提炼和归纳是极为有效的配色方法。在基本造型和材质确定好后进行具有民俗风格的色彩搭配，可以显示出强烈的地域特征，是营造地方风格的最有效的设计手法。

“湘印”系列烛台设计，源自湖湘地方的背篓造型。烛台上下采用直榫插接的形式，可以自由变换造型。烛台上的装饰纹样也选择了传统背篓上的印花装饰，带有很强的民俗风格，同时色彩的搭配也极具地方特色。

“湘印”系列烛台设计（设计：廖岚清）

6.2.2.2 寓意

寓意可以源自设计基点本身，也可以根据造型重新赋予。通常需要借用一些诗词典故、主题概念来拓展设计思路，选取合适的实体形式将这些文字的阐述转化成造型、色彩或纹案。这样的设计形式，要求设计者有很强的理解分析能力和对事物的提炼概括能力。其相比前面的设计方法难度要大，但却能让人回味。

6.2.2.3 形式

传统的榫卯结构既有稳定的结构，又可以拆装组合。在新产品的设计中，可以从稳定的拆装结构中获取灵感，在结构的组合方式上进行拓展设计。通过一些标准化零部件的拼装组合，可以设计出适合批量化生产的、可拆装的、具有复合使用功能的产品。通用的接口设计，有利于标准化生产，还可以让各个部件之间自由拼装，使产品具有多种组合形式和功能变化，丰富了产品的形式感。

传统造物思想与现代手造设计血脉相连，它们之间的关系具有包容性。将传统手工艺设计拆解为可批量生产的手造模块，将手造的过程与机械生产部分进行连接，两者之间进行优势互补，使设计在保留传统造物美学的基础上贴合现代生活方式，可以实现古人审美与现代科技的对话。

设计师涂燚团队推出的“全榫卯积木”，将传统木作文化与现代手造结合，深受年轻消费群体喜爱。材质上，使用颜色丰富、高光泽、冲压性能良好的 ABS 环保材料替代传统木材，既能够保持尺寸稳定、提高构件精度，又降低了工业成本，便于批量生产。结构上，拼装件脱胎于传统古建，在设计时又进行了简化处理，使得构件之间可互相替换，能够任意拆分，可根据用户审美需求自由组合，便于用户在动手搭建的过程中了解传统榫卯的连接方式，并能满足用户个性化创作需求。

中国兵俑榫卯积木（国家博物馆出品，设计：涂燚团队）

6.2.2.4 创意

新产品设计要以“实用＋创意”为目标进行创作。以实用功能为基点，从使用的便捷性、多功能性上考量设计。结合榫卯要素的特征，让设计作品具有现代的外观和多变的造型及实用功能，从连接的形式上与榫卯元素结合，让产品的设计既有新意又富于变化。

“花之木器”系列花瓶设计，将榫卯结构和花瓶的功能结合得非常好，造型简洁、现代却又具有传统的韵味。花瓶由几个标准件组成，使用银锭榫连接，榫头统一大小，造型可以根据需要自行组装，既美观又实用。

榫卯元素在现代设计领域的拓展为传统木作工艺的传承和发展注入新的活力。榫卯元素的应用将逐步拓展到设计的各个领域，让传统工艺在现代设计中得到更好的传承和发展。榫卯的应用不应局限于传统的做法，要从外观、结构、材料上拓展设计的表现形式。这种传统的模式将随着现代设计的发展逐步拓展应用范围，传统民族工艺也将会以全新的形象展现在世界舞台上。

“花之木器”系列花瓶（设计：崔艳凯）

本章小结

主要内容

本章内容为传统木作工艺的传承与创新设计：首先介绍木工工艺制作，通过实物制作与演示，让学生更直观地了解传统木作工艺的加工过程与制作方法；设计创新部分，主要是以传统木作元素为基础，并加入案例，针对传统木作元素解析设计与构思方法，探索传统木作在现代生活中的创新与应用。

重点难点

1. 实物制作过程。
2. 传统木作元素与设计构思。

3. 传统木作元素的提取与应用。

4. 现代木作手造的创意设计。

任务模块

思考任务

1. 传统木作元素有哪些？其特点是什么？

2. 现代手造的设计手法有哪些？举例说明其应用方法。

拓展任务

1. 观察自己的生活环境，分析现代木作手造在哪些领域可以进行创意设计并说明理由。

2. 收集并整理你认为比较好的现代手造设计案例，解析其优缺点。

设计任务

1. 跟着教学图解，自己动手制作一件作品。

2. 结合现代手造的设计特点，对传统木作进行创意设计，并绘制三视图，制作效果图，附设计说明。

章节资源

1. 杨耀 . 明式家具研究 [M]. 2 版 . 北京：中国建筑工业出版社，2002.

2. 路玉章. 留住老手艺：传统古家具制作技艺 [M]. 北京：中国建筑工业出版社，2007.

3. 井庆升. 清式大木作操作工艺 [M]. 北京：文物出版社，1985.

4. 裴溧，李振飞，等. 图解创意木工制作 [M]. 北京：人民邮电出版社，2013.

5. 张付花 . 玩转微木工：零基础木作小件 [M]. 北京：中国轻工业出版社，2018.

结　语 /Concluding Remarks

随着本书的缓缓合上，我们不仅结束了这段跨越时空、深入探索与发现的木艺之旅，更是在心灵深处种下了一颗关于传承与创新的种子。传统木作技艺作为人类文明的瑰宝，其价值与意义超越物质层面，不仅是匠人心血与智慧的结晶，更是民族文化与精神的传承载体。每一块木料的选取、每一道锯痕的深浅、每一个纹样的雕琢，都蕴含着匠人对自然之美的深刻理解与尊重。这种技艺，不仅是物质产品的制造过程，更是一种文化的传承、精神的寄托和情感的交流。在快节奏的现代生活中，我们或许已经习惯了机械化生产与标准化产品，但传统木作技艺所展现的手工之美，以及与自然和谐共生的理念，促使我们重新思考生活的本质与价值。

传统木作不仅是一门古老的手艺，更是传承千年的生活美学，推动手造的发展是满足人们美好生活追求、推动产业振兴的必然选择。本书带领读者从传统木作中学习传统工艺和加工方法，了解木作文化，感受传统技艺的精髓，通过现代设计与创新的思维，用现代的审美和使用习惯重新解读木作的表现方式，借助现代材料与设备创作出符合现代社会需求、体现中国传统文化内涵、满足现代大众需求的产品。

现代手造以其独特的视角和创新的手法，重新诠释了木艺的无限可能，它不仅继承和发扬了传统技艺，更深刻地表达了现代审美、生活方式及文化自信。艺术家们不再局限于传统的形式与功能，而是将木作技艺与现代审美、科技元素相结合，通过创新与实践，创作出既符合现代审美又具有文化内涵的作品。这些作品展现了木材的天然美感与可塑性，丰富了我们的物质生活，提升了我们的精神境界与文化自信，更传达了现代人对美好生活的向往与追求。

社会在不断发展，人们的生活水平和审美需求在不断发生变化，现代设计教育的理念也在不断吐故纳新，但一直不变的是设计教育对创造力的培养。我们深知传承与创新并非孤立的过程，需要社会各界的共同努力与支持。本书作为传统与现代之间的桥梁，旨在搭建一个交流的平台，让匠人与艺术家、传统与现代、东方与西方得以相互理解、相互借鉴，通过详尽的图文介绍、生动的案例分析以及深入浅出的理论阐述，让读者领略到传统木作技艺的精湛与魅力，激发更多人对传统木作技艺的兴趣与热爱，鼓励更多人加入传承与创新的行列中。无论是对传统木作技艺的深入研习，还是对现代手造艺术的积极探索，都是对这份文化遗产的尊重与守护。在传统木作的精细工艺中，我们感受传统与现代的和谐共生，体会木作技艺的无尽魅力。我们期待看到更多的跨界合作与融合创新，让传统木作这一古老的技艺在新的时代背景下焕发出更加璀璨的光彩。

面对未来，我们满怀信心与期待。随着对传统文化的重视与回归，以及对现代生活品质的追求，传统木作技艺将迎来前所未有的发展机遇。我们相信，在不久的将来，传统木作技艺与现代手造艺术将共同书写出更加辉煌的篇章，成为丰富人们精神生活的重要力量。我们期望本书成为热爱木艺、关注传统文化的读者的良师益友，愿读者在阅读中领略传统木作的精湛与魅力，感受现代手造的创新与活力。

本书虽已至尾声，但关于传统木作与现代手造的探索与发现却永无止境。让我们携手并进，在传承与创新的道路上不断前行，共同书写属于中国传统技艺的辉煌篇章。

由于水平有限，教材难免带有笔者的主观意识，其中的偏颇和不足敬请同行专家和读者批评指正。

附录：名词解释 /Appendix: Glossary of Terms

B

宝顶：攒尖顶顶尖处圆形装饰物。

边柱：三边有拉结梁的柱子，在房子外墙下。

C

出檐：在带有屋檐的建筑中，屋檐伸出梁架之外的部分。

侧脚：建筑最外一圈柱子的下脚通常要向外侧移出一定的尺寸，使外檐柱子的上端略向内侧倾斜，以加强建筑整体的稳定性。

草栿：位于天花板之上未经刨整的梁。按其外形又可分为直梁和月梁。

椽：也叫椽子、椽条，放在檩上架着屋顶的木条。

D

大木作：建筑物骨干木架的总称，由柱、梁、枋、檩等组成。

斗拱：又称枓栱、斗科、铺作等，是中国建筑特有的一种结构。在立柱顶、额枋和檐檩间或构架间，从枋上加的一层层探出成弓形的承重结构叫拱，拱与拱之间垫的方形木块叫斗，合称斗拱。

斗口：房屋上所用的平身科斗拱坐斗上开的十字形卯口。

E

额枋：也叫檐枋，宋代之前称为阑额，是置于檐柱与檐柱之间起联系作用的矩形横木，是柱子上端联络和承重的木构件。

G

挂檐：装在架子床周围的装饰。

J

金柱：在檐柱以内的柱子，除在建筑物纵中线上的都是金柱。

角柱：位于建筑角部，与柱的正交的两个方向各只有一根框架梁与之相连接的框架柱。

M

明栿：位于天花板之下的梁。由于明栿在室内能看得见，因此制作得比草栿更精致。

Q

雀替：置于梁、枋下与柱相交处的短木，可以缩短梁、枋的净跨距离。

S

收分：圆柱上下两端直径不相等，根部略粗、顶部略细的做法。

山柱：在山墙的正中，一直顶到屋脊的是山柱。

束腰：在家具面沿下的一道向内收缩、长度小于面沿和牙条的腰线。

T

推山：老角梁、仔角梁和由戗是庑殿顶四个坡面的交接线，也是四垂脊的骨架。这四条骨架在平面上是逐渐向外加长的折线，被称为推山。

童柱：一种矮柱，柱下脚常落在梁背上，上端承托梁、枋等构建。童柱柱根也多与墩斗相连。其功用与重檐金柱相同，建筑中下端不落地。

槫柱：即桁或檩，宋代称槫，架在梁头位置的沿建筑面阔方向的水平构件。其作用是直接固定椽子，并将屋顶荷载通过梁向下传递。

X

小木作：概指精细的建筑装修和各类木制器等，如门窗、家具、高低柜、屏风等功能性和装饰类器物制作。

Y

檐柱：木结构建筑檐下最外一列支撑屋檐的柱子，多用于重檐或重檐带平座的建筑物上，用来支撑挑出较长的屋檐及角梁翼角等。

牙子：位于家具横、竖材的丁字形交接处的结构，具有固定架构、加强结构刚度和装饰的作用。

Z

坐斗：大斗，宋以前称为栌斗，位于一组斗拱最下层的构件，有时也可以单独使用。

中柱：在建筑物纵中线上，顶着屋脊而不在山墙里的称为中柱。

致　谢 /Acknowledgments

我要向所有为本书的创作提供帮助的人表达深深的谢意。如果没有你们，这本书不可能完成。

首先要感谢为本书提供策划和帮助的孙磊、张英楠、张瑜，他们为本书的撰写提供了有力的保障。

其次要感谢为本书提供案例和制作过程的时光抽屉木工房、匠杺社，以及 MUMO 木墨、王的手创、周广胜木梳、Secret Wood、木色木艺等品牌。另外，卢克岩、孙希洲、王芝、李亚宁、杨志滨、陈站刚、路鹏、于元中、王倩倩、查九任等人的作品，让本书的案例更具丰富性和实用性。

本书在编写过程中使用了笔者所授课程学生的作业，在此一并致谢。

还要感谢许多同事，他们在写作过程中给予了很多指导和帮助。由于篇幅有限，无法一一列举名字。

最后，要特别感谢几位合著者，是大家的通力合作才让本书得以顺利完成。

陈　静

图书在版编目（CIP）数据

量枘制凿：传统木作与现代手造 / 陈静等编著.
北京：中国人民大学出版社，2025. 1. -- ISBN 978-7
-300-33249-9

Ⅰ. TS656

中国国家版本馆CIP数据核字第2024PY6308号

中华优秀传统文化创造性转化与创新性发展特色教育丛书
国家级一流本科课程建设系列教材
国家社科基金艺术学重大招标项目（项目批准号：21ZD25）教研建设成果
总主编　孙　磊

量枘制凿——传统木作与现代手造

陈　静　薛　坤　王鲁浩　孙钦磊　编著

Liangruizhizao——Chuantong Muzuo yu Xiandai Shouzao

出版发行	中国人民大学出版社		
社　　址	北京中关村大街 31 号	**邮政编码**	100080
电　　话	010–62511242（总编室）		010–62511770（质管部）
	010–82501766（邮购部）		010–62514148（门市部）
	010–62511173（发行公司）		010–62515275（盗版举报）
网　　址	http: // www. crup. com. cn		
经　　销	新华书店		
印　　刷	中煤（北京）印务有限公司		
开　　本	787 mm × 1092 mm　1/16	**版　　次**	2025 年 1 月第 1 版
印　　张	13.25	**印　　次**	2025 年 1 月第 1 次印刷
字　　数	275 000	**定　　价**	65.00 元